ABHANDLUNGEN DER DEUTSCHEN AKADEMIE
DER WISSENSCHAFTEN ZU BERLIN

Klasse für Chemie, Geologie und Biologie
Jahrgang 1960 Nr. 2

Prof. Dr. VIKTOR I. SPICIN

PERIODISCHES GESETZ UND EINIGE CHEMISCHE PROBLEME DER ATOMENERGIEVERWENDUNG

DREI VORTRÄGE

AKADEMIE-VERLAG · BERLIN
1960

ABHANDLUNGEN DER DEUTSCHEN AKADEMIE
DER WISSENSCHAFTEN ZU BERLIN

Klasse für Chemie, Geologie und Biologie
Jahrgang 1960 Nr. 2

Prof. Dr. VIKTOR I. SPICIN

PERIODISCHES GESETZ UND EINIGE CHEMISCHE PROBLEME DER ATOMENERGIEVERWENDUNG

DREI VORTRÄGE

Mit 34 Abbildungen und 12 Tabellen

AKADEMIE-VERLAG · BERLIN
1960

Vorgelegt von Hrn. BERTSCH in der Klassensitzung vom 25. Juni 1959
Zum Druck genehmigt am gleichen Tage, ausgegeben am 31. Oktober 1960

Erschienen im Akademie-Verlag GmbH, Berlin W 8, Leipziger Straße 3–4

Lizenz-Nr. 202 · 100/721/60
Gesamtherstellung: VEB Druckerei „Thomas Müntzer" Bad Langensalza
Bestellnummer: 2001/60/II/2
Preis: DM 12,—
Printed in Germany
E S 18 C 2

INHALTSVERZEICHNIS

Der heutige Stand des Periodischen Gesetzes von D. I. MENDELEJEW

Vor neunzig Jahren hat der große russische Gelehrte DMITRI IWANOWITSCH MENDELEJEW das Periodische Gesetz entdeckt und ein natürliches System der chemischen Elemente aufgestellt.

Anfang des Jahres 1869 sandte D. I. MENDELEJEW, Professor der Petersburger Universität, an viele Chemiker eine Tabelle, die er als „Versuch eines Systems der Elemente, ausgehend von deren Atomgewichten und chemischen Verwandtschaft", (Abb. 1) bezeichnet hatte. Am 18.(6.) März 1869 gab in der Sitzung der Russischen Chemischen Gesellschaft

Versuche eines Systems der Elemente nach ihren Atomgewichten und chemischen Functionen

Von

D. Mendeleeff

Professor an der Universität zu St. Petersburg

			Ti = 50	Zr = 90	? = 180
			V = 51	Nb = 94	Ta = 182
			Cr = 52	Mo = 96	W = 186
			Mn = 55	Rh = 104,4	Pt = 197,4
			Fe = 56	Ru = 104,4	Ir = 198
			Ni = Co = 50	Pl = 106,6	Os = 199
H = 1			Cu = 63,4	Ag = 108	Hg = 200
	Be = 9,4	Mg = 24	Zn = 65,2	Cd = 112	
	B = 11	Al = 27,4	? = 68	Ur = 116	Au = 197 ?
	C = 12	Si = 28	? = 70	Sn = 118	
	N = 14	P = 31	As = 75	Sb = 122	Bi = 210 ?
	O = 16	S = 32	Se = 79,4	Te = 128 ?	
	F = 19	Cl = 35,5	Br = 80	I = 127	
Li = 7	Na = 23	K = 39	Rb = 85,4	Cs = 133	Tl = 204
		Ca = 40	Sr = 87,6	Ba = 137	Pb = 207
		? = 45	Ce = 92		
		?Er = 56	La = 94		
		?Yt = 60	Di = 95		
		?In = 75,6	Th = 118 ?		

Abb. 1. Erste Darstellung des Periodischen Systems der Elemente aus J. prakt. Chem., **106**, 251 (1869).

N. A. MENSCHUTKIN im Namen des zur damaligen Zeit kranken MENDELEJEW den ersten Bericht über die Entdeckung des Periodischen Gesetzes und des mit diesem verbundenen Systems der chemischen Elemente.

Die Arbeit MENDELEJEWS, „Wechselbeziehung zwischen den Eigenschaften und Atomgewichten der Elemente", wurde bald darauf im ersten Band der „Zeitschrift der Russischen Chemischen Gesellschaft" veröffentlicht. Diese Arbeit enthielt folgende wichtige Schlußfolgerung: „Elemente, die nach der Größe ihres Atomgewichtes angeordnet sind, weisen eine sichtbare Periodizität ihrer Eigenschaften auf . . ." Später hat MENDELEJEW in seinem hervorragenden Werk, „Grundlagen der Chemie", dem Periodischen Gesetz eine genauere Formulierung gegeben: „Eigenschaften der einfachen Körper und daneben auch Formen und Eigenschaften der Verbindungen von Elementen befinden sich in einer periodischen Abhängigkeit von der Größe der Atomgewichte dieser Elemente".

Es ist zu bemerken, daß Mendelejew für die Stellung eines Elementes im Periodischen System auch die chemischen Eigenschaften und nicht nur das Atomgewicht für wesentlich hielt, obwohl seiner Meinung nach „die Größe des Atomgewichtes den Charakter des Elementes bestimmt".

Eine nicht minder wichtige Bedeutung für die Bestimmung der Lage eines Elementes im Periodischen System haben die chemischen Eigenschaften der aus diesen Elementen gebildeten Verbindungen. Wie bekannt, hat D. I. Mendelejew in einigen Fällen die Elemente nicht in der Reihenfolge der Zunahme ihrer Atomgewichte angeordnet. Das betraf z. B. Kobalt und Nickel, Tellur und Jod.

Das von Mendelejew ausgearbeitete natürliche System der Elemente hat zur Bestimmung des Zusammenhanges zwischen allen chemischen Elementen geführt. In dem von ihm zusammengestellten Periodischen System waren einige Stellen leer geblieben; dieser Umstand ermöglichte es Mendelejew, neue chemische Elemente vorauszusagen. So wurden z. B. von ihm die noch nicht entdeckten Analogen von Bor, Aluminium, Zirkon, Silizium und einer Reihe anderer Elemente vorausgesagt. Zwei Jahre später, im Jahre 1871, hat Mendelejew sehr eingehend die zu erwartenden Eigenschaften einiger, von ihm vorausgesagter Elemente beschrieben. Er hat vorgeschlagen, diese Elemente vorläufig als Ekabor, Ekaaluminium und Ekasilizium zu bezeichnen. Gleichzeitig hat Mendelejew auf die zu erwartenden wichtigsten chemischen Eigenschaften der damals noch nicht entdeckten Analogen von Mangan, Tellur, Cäsium, Barium, Tantal und von anderen Elementen hingewiesen.

Später hat Mendelejew die Atomgewichte einiger Elemente und deren Valenzen, die der Lage dieser Elemente im Periodischen System nicht entsprachen, korrigiert. So hat er z. B. bewiesen, daß Indium drei- und nicht zweiwertig ist, wie früher angenommen wurde. Er verdoppelte das Atomgewicht des Urans, indem er dieses Element der VI. Gruppe des Periodischen Systems zuschrieb, korrigierte die Atomgewichte von Yttrium, Cerium und anderer Seltener Erden.

Einige Jahre später wurden die ersten von Mendelejew vorausgesagten Elemente entdeckt. Im Jahre 1875 fand der französische Chemiker Lecoq de Boisbaudran das Gallium; die Eigenschaften des Galliums entsprachen den von Mendelejew vorausgesagten Eigenschaften des Ekaaluminiums. Im Jahre 1879 entdeckte Nilson Scandium, das Mendelejew unter der Bezeichnung Ekabor vorausgesagt hatte, und im Jahre 1886 C. Winkler Germanium, das in allen seinen Eigenschaften dem von Mendelejew vorausgesagten Ekasilizium analog war. In seiner Arbeit schrieb Winkler: „. . . Einen schlagenderen Beweis für die Richtigkeit der Lehre von der Periodizität der Elemente als den, welchen die Verkörperung des bisher hypothetischen „Ekasiliziums" in sich schließt, kann es kaum geben, und er bildet in Wahrheit mehr als die bloße Bestätigung einer kühn aufgestellten Theorie, er bedeutet eine eminente Erweiterung des chemischen Gesichtsfeldes, einen mächtigen Schritt ins Reich der Erkenntnis".

Die Entdeckung der von Mendelejew erwarteten Elemente, genaues Übereinstimmen der ermittelten Eigenschaften mit den auf Grund des Periodischen Gesetzes berechneten und die Bestätigung der von Mendelejew korrigierten Atomgewichte haben die materialistische Vorstellung über die chemischen Elemente bekräftigt und die Möglichkeiten der Erkenntnis der Natur durch den Menschen unermeßlich erweitert. Das Periodische System wurde zu einer mächtigen Waffe für den Forscher in der weiteren Entwicklung der Chemie und Physik.

Es ist zu betonen, daß die Entdeckung des Periodischen Gesetzes durch D. I. MENDELEJEW sich auf alle die Angaben über die Eigenschaften der Elemente stützte, die Mitte des XIX. Jahrhunderts vorlagen. Versuche zur Klassifizierung der Elemente bestanden auch bereits vor MENDELEJEW. Es genügt, die Triade von DÖBEREINER (1829), Gruppen ähnlicher Elemente von PETTENKOFER (1850) und die Oktaven von NEWLANDS (1864) zu nennen. Viele Forschungsarbeiten beschäftigten sich mit dem Auffinden von Gesetzmäßigkeiten in Zusammenhang mit den Atomgewichten der Elemente.

DUMAS (1857) hat die Idee entwickelt, daß sich die verwandten Elemente wie Homologe in der organischen Chemie voneinander unterscheiden, und zwar nach den Werten ihrer Äquivalente durch eine Konstante oder deren Produkt. CHANCOURTOIS (1862) hat einen ähnlichen Gedanken in einer zylindrischen Darstellung des Systems der chemischen Elemente wiedergegeben, indem er annahm, daß die Differenz zwischen Atomgewichten verwandter Elemente gleich 16 ist. Daß dieses Verhältnis nicht immer richtig war, ging daraus hervor, daß auf der Spirale von CHANCOURTOIS neben den wirklich ähnlichen Elementen z. B. Li, Na und K; O, S, Se und Te auch voneinander stark unterschiedliche Elemente wie S, Ti und Y.; K und Mn usw. standen. Die Differenz zwischen den Atomgewichten war damals bei diesen Elementen gleich 16. LOTHAR MEYER (1864) stellte eine Tabelle auf, welche zwar das Verhältnis der Atomgewichte für sechs charakteristische Gruppen der Elemente zeigte, aber die Frage über die Verhältnisse der physikalischen und der chemischen Eigenschaften der Elemente nicht berührte.

Die Anfänge des Periodischen Systems sind schon in den Arbeiten von CHANCOURTOIS und NEWLANDS vorhanden, aber keiner von ihnen hat vor MENDELEJEW das Periodische Gesetz formuliert. Keiner von ihnen hat auch gewagt, auf Grund des Vergleichs von Eigenschaften verschiedener Elemente die Atomgewichte zu korrigieren und die Existenz und die Eigenschaften der noch nicht entdeckten Elemente vorauszusagen.

Bald nach Entdeckung des Periodischen Systems hat man begonnen, auf dieser Grundlage verschiedene chemische Eigenschaften der Elemente und deren Verbindungen zu vergleichen. D. I. MENDELEJEW (1869) hat die Periodizität der Verbindungsformen der Elemente, d. h. der wichtigsten chemischen Eigenschaft — der Wertigkeit — gezeigt. Er hat auch die Periodizität der Veränderung der spezifischen Gewichte der einfachen Stoffe und der Atomvolumen der Elemente bestimmt. Zu analogen Schlußfolgerungen ist L. MEYER (1870) gekommen, indem er sehr erfolgreich die graphische Methode für diese Zwecke anwandte. T. CARNELLEY (1879) hat festgestellt, daß die Schmelztemperatur der einfachen Stoffe sich periodisch ändert. Dieselbe Gesetzmäßigkeit hat er für die Schmelz- und Siedetemperatur der normalen Halogenide der Elemente nachgewiesen und A. LAURIE (1882) hat die Periodizität bei der Änderung deren Bildungswärmen gezeigt. L. ERRERA (1881) hat festgestellt, daß die magnetischen Eigenschaften der einfachen Stoffe sich in einer periodischen Abhängigkeit von den Atomgewichten der Elemente befinden. D. I. MENDELEJEW (1889) hat auch auf die Periodizität im Spektrenbau der Elemente hingewiesen. A. A. BAIKOW hat im Jahre 1902 bei der Untersuchung von Kupferlegierungen die Anwendbarkeit der Periodizitätsgrundlagen auf die Zusammensetzung der metallischen Verbindungen, die in Legierungen entstehen, angedeutet.

Das Periodische System der Elemente hat Ende des XIX. Jahrhunderts eine ernste Prüfung bestanden und ist aus dieser als Siegerin hervorgegangen. Nach der Entdeckung des Argons durch RAYLEIGH und RAMSAY (1894) mußte man annehmen, daß dieses Element sich nicht in das Periodische System einfügen läßt. Die darauf folgende Entdeckung von Helium hat gezeigt, daß eine ganze Gruppe von Elementen existiert, die dem Argon ähnlich ist. Im Jahre 1897 hat RAMSAY einen Bericht über „Das noch nicht entdeckte Gas" gegeben. Wie er später sagte, versuchte er in diesem Bericht, nach dem Beispiel unseres Lehrers MENDELEJEW, die zu erwartenden Eigenschaften des gasförmigen Elementes, das die leere Stelle zwischen Helium und Argon ausfüllen sollte, zu beschreiben. Dieses Gas mit dem Atomgewicht 20 wurde von RAMSAY aus flüssiger Luft ausgeschieden und mit Neon bezeichnet. Fast gleichzeitig wurden auch die schweren Analoge des Argons — Krypton und Xenon — entdeckt. Diese gasförmigen Elemente zeichneten sich von all den anderen Elementen durch ihre Trägheit und Unfähigkeit aus, in eine gewöhnliche chemische Oxydations- oder Reduktionsreaktion einzutreten. Auf Grund dieses Verhaltens hat diese Gruppe der inerten Gase (Edelgase) ihren Platz im Periodischen System in der neuen Nullgruppe gefunden.

Das Periodische Gesetz und das von diesem ausgehende Elementensystem haben noch zu Lebzeiten MENDELEJEWS eine bedeutende Entwicklung erfahren. Aber auch nach seinem Tode (1907) blieben noch einige Stellen des Periodischen Systems leer. Es war z. B. nicht bekannt, ob noch Elemente zwischen Wasserstoff und Helium stehen; unbestimmt blieb auch die Zahl der Seltenen Erden und die Stellung deren Elemente im Periodischen System. Wegen dieser Schwierigkeiten ließ sich die Gesamtzahl der Elemente zwischen Wasserstoff und Uran nicht bestimmen. Außerdem war der Grund der Periodizität noch völlig unklar. Wir können nur über das Genie MENDELEJEW staunen, der das Periodische System der Elemente zu einer Zeit zusammenstellte, wo es nahezu keine Kenntnisse über die Struktur der Materie gab, und dazu noch so, daß es auch nach 90 Jahren noch keine ernsten Veränderungen erfahren hat.

Das Periodische System hat großen Einfluß auf die Entwicklung der physikalischen und chemischen Arbeiten auf dem Gebiete der Stoffstruktur ausgeübt. Vor allem soll die Rolle des Periodischen Gesetzes bei der Entdeckung der radioaktiven Erscheinungen und der Isotopie betont werden. Die Entdeckung der „Uranstrahlen" von BECQUEREL im Jahre 1896 hatte eine ganze Reihe von Untersuchungen über die Radioaktivität — einen neuen Zweig der Wissenschaft — zur Folge. Außer Uran hatte sich auch das Schwerelement Thorium als radioaktiv erwiesen. Im Jahre 1898 wurden von Marie SKLODOWSKA-CURIE und PIERRE CURIE in Uranerzen zwei neue Elemente — Radium und Polonium — entdeckt, die stärker radioaktiv als Uran waren. Radium hat sich als Analogon des Bariums erwiesen und entsprach seinen Eigenschaften nach dem Ekabarium von MENDELEJEW; die Eigenschaften von Polonium waren denen von Ekatellur ähnlich.

Ein Jahr später hat DEBIERNE in der Pechblende noch ein radioaktives Element — Actinium — entdeckt, welches dem Lanthan analog war. Die Existenz dieses Elementes wurde von MENDELEJEW noch im Jahre 1871 vorausgesagt.

Im Jahre 1900 wurde festgestellt, daß Radiumpräparate kontinuierlich ein radioaktives Gas — die Emanation von Radium — ausscheiden, das sich als ein Analogon zu Xenon erwies und heute als Radon bezeichnet wird. RAMSAY und SODDY haben im Jahre 1902 nachweisen können, daß die Emanation des Radiums, eingeschweißt in ein Entladerohr, nach einiger Zeit ein Heliumspektrum aufweist. Dies war der erste, experimentell erwiesene Fall einer Elementumwandlung.

D. I. MENDELEJEW bezweifelte sehr stark die Möglichkeit einer Elementumwandlung und wies darauf hin, daß Berichte solcher Art sehr sorgfältig geprüft werden müssen. Gleichzeitig betonte aber MENDELEJEW, daß er „kein Gegner der Annahme einer komplizierten Elementstruktur ist, sondern, im Gegenteil, zu dieser Annahme neigt". Im Jahre 1898 schrieb MENDELEJEW: „Es wäre sehr interessant, der Feststellung der gegenseitigen Elementumwandlung beizuwohnen, weil ich hoffen könnte, daß dabei die Periodizität erklärt und erläutert wird.“ Wie wir wissen, war diese Aufgabe schon nach einigen Jahren aktuell.

Im Jahre 1902 haben RUTHERFORD und SODDY auf Grund einer eingehenden Untersuchung der Radioaktivität des Thoriums die Hypothese aufgestellt, daß die radioaktiven Erscheinungen mit der Atomumwandlung und folglich auch mit der Elementumwandlung verbunden sind. Die darauffolgenden Arbeiten haben diese Annahme völlig bestätigt.

Das Studium der radioaktiven Umwandlungen der Radiumemanation hat gezeigt, daß der nach dem Zerfall zurückbleibende sogenannte „aktive Niederschlag“ eine Reihe von Elementen enthält, die sich nur in ihren radioaktiven Eigenschaften, d. h. dem Charakter und der Energie der Strahlung, voneinander unterscheiden. Weitere radioaktive Elemente wurden beim Studium der Umwandlungen von Uran, Actinium und Thorium nachgewiesen.

Nur ein Teil der neu entdeckten radioaktiven Elemente ließ sich in die leeren Stellen des Periodischen Systems einordnen. Bei einer Anzahl radioaktiver Elemente, welche zu verschiedenen radioaktiven Familien gehörten, wurde festgestellt, daß sich viele von ihnen durch chemische Verfahren weder voneinander noch von einigen gewöhnlichen Elementen trennen lassen, obwohl sie ihren radioaktiven Eigenschaften nach unterschiedlich sind. So ließ sich z. B. ein beim Uranzerfall entstehendes Produkt, das radioaktive Element Ionium, nicht vom Thorium durch ein chemisches Verfahren abtrennen, obwohl es vom Thorium hinsichtlich seiner Radioaktivität stark unterschiedlich ist. Eines der ersten Produkte des Thoriumzerfalls, das sogenannte Radiothorium, welches weitaus schneller als Thorium zerfällt, ist in chemischer Hinsicht mit Thorium völlig identisch. Es hat sich auf diese Weise erwiesen, daß sich viele neu entdeckte radioaktive Elemente ihren chemischen Eigenschaften nach von Uran, Thorium, Radium, Blei, Bismut und anderen Elementen der VI. und VII. Periode des Periodischen Systems nicht unterscheiden. Es hatte den Anschein, als ob einem chemischen Element einige Atomarten entsprachen, die sich hinsichtlich ihrer Masse und der Geschwindigkeit des radioaktiven Zerfalls unterscheiden.

Im Jahre 1913 machte daraufhin SODDY den Vorschlag, solche Abarten der Elemente als Isotope zu bezeichnen, um dadurch dem charakteristischen Umstand Rechnung zu tragen, daß diese Elemente ein und dieselbe Stelle im Periodischen System einnehmen (isos = gleich, topos = die Stelle).

Die Vielzahl der radioaktiven Elemente, die beim Zerfall von Uran, Thorium oder Actinium entsteht, wurde nun in Familien vereinigt, die mit dem Periodischen System von MENDELEJEW harmonisch verbunden sind. Jede Stufe der Alpha-Strahlung ergibt ein Isotop desjenigen Elementes, welches im Periodischen System zwei Stellen vor dem Ausgangselement liegt, und als Ergebnis des Beta-Zerfalls entsteht ein Isotop, das der nächstfolgenden Gruppe angehört. Die sogenannte Verschiebungsregel bei radioaktiven Umwandlungen hat es ermöglicht, viele neue radioaktive Elemente zu entdecken und Unklarheiten in den Familien der radioaktiven Isotope zu klären.

Im Jahre 1913 wandte J. J. THOMSON die Methode der elektromagnetischen Analyse der Kanalstrahlen — die Massenspektrographie — an und erhielt dadurch die ersten Angaben über die Existenz von Isotopen nichtradioaktiver Elemente nach dem Beispiel des Neons. Die Entwicklung eines Massen-Spektrographen durch ASTON im Jahre 1919 hat es ermöglicht, Isotope einer Anzahl gewöhnlicher Elemente zu entdecken.

Die Erscheinung der Isotopie hat dem Periodischen System einen neuen, ergänzenden Inhalt gegeben. Glänzend wurde die von BUTLEROW im Jahre 1881 geäußerte Idee über das Vorhandensein einiger Atomarten ein und desselben Elementes, die sich voneinander nur durch ihre Masse unterscheiden, bekräftigt. Die darauffolgende Feststellung eines gewissen Unterschiedes in den chemischen Eigenschaften der Wasserstoffisotope hat ein neues Kapitel der Wissenschaft eröffnet — die Chemie der Isotope —, das sehr eng mit dem Periodischen System zusammenhängt.

Das Periodische System wurde zu einem Leitfaden bei der Entwicklung der Theorie der Atomstruktur. Nachdem RUTHERFORD im Jahre 1911 die Kerntheorie der Atomstruktur aufstellte, und MOSELEY (1913) eine Methode für die experimentelle Bestimmung der Kernladung durch Messung der Röntgenspektren der Elemente entwickelte, wurde der Gedanke ausgesprochen, daß die Kernladung eines Atomes der Ordnungszahl des chemischen Elementes im Periodischen System MENDELEJEWS entspricht. MOSELEY führte den Begriff „Atomzahl" ein, welche der Ordnungsnummer des Elementes im Periodischen System gleich ist. Auf experimentellem Wege bewies MOSELEY, daß sich die Kernladungen der Atome entsprechend den Ordnungszahlen der Elemente im Periodischen System ändern. Dadurch wurden die scheinbaren Unstimmigkeiten in der Anordnung der Elemente im Periodischen System beseitigt; die Atomzahl des Jodes erweist sich höher als die des Tellurs, die Atomzahl des Nickels höher als die des Kobalts.

Das Periodische System bekam eine neue Formulierung, die aber sein Wesen nicht veränderte. Für die periodischen Eigenschaften der chemischen Elemente sind von nun an die Kernladungen ihrer Atome entscheidend. Für die Leichtelemente ist das Verhältnis der Atomgewichte zu den Atomzahlen gleich einer Konstanten von etwa 2. Gegen Ende des Periodischen Systems erreicht sie den Wert 2,6. Zu Lebzeiten MENDELEJEWS, da außer dem Atomgewicht keine andere zuverlässige Charakteristik des Elementes existierte, war es die einzige richtige Lösung, das Atomgewicht der Anordnung der Elemente zu einem System zugrunde zu legen.

Nachdem die experimentelle Bestimmung der Atomzahlen der Elemente gelang, konnten die fehlenden Elemente im Periodischen System mit Sicherheit festgestellt werden. Im Jahre 1914 waren die Elemente mit den Atomzahlen 43, 61, 72, 85, 87 und 91 nicht bekannt.

Im Zeitabschnitt 1914 bis 1939 wurden die meisten dieser Elemente entdeckt. Das radioaktive Element Nr. 91, Protaktinium (Ekatantal von MENDELEJEW), haben L. MEITNER und O. HAHN im Jahre 1918 aus den Rückständen bei der Aufarbeitung der Uranpechblende isoliert. Das Element Nr. 72, Hafnium, das MENDELEJEW noch im Jahre 1869 voraussagte, wurde von D. COSTER und G. v. HEVESY im Jahre 1923 aus den Mineralien des Zirkoniums eliminiert. Das Element Nr. 75 (Dwimangan von MENDELEJEW) haben I. TACKE, W. NODDACK und O. BERG im Jahre 1925 im Molybdänit, Tantalit und im gediegenen Platin entdeckt. Zuvor hatten sie sehr sorgfältig alle möglichen chemischen und geochemischen Eigenschaften dieses Elementes, ausgehend vom Periodischen System, untersucht. Dwimangan wurde als Rhenium bezeichnet. Im Jahre 1938 hat M. PEREY festgestellt, daß Actinium neben dem Hauptzerfall unter Beta-Strahlung teilweise auch unter Alpha-Strahlung zerfällt und dabei das kurzlebige Isotop des Elementes Nr. 87 bildet, das als Francium bezeichnet wurde. Die Halbwertszeit dieses Isotopes beträgt 21 Minuten.

Das Periodische System hat auch stark zur Entwicklung der künstlichen Umwandlung der Elemente beigetragen. Dieses für die Anwendung des Periodischen Systems so wichtige Gebiet wird im folgenden eingehender besprochen. Es ist hier zu vermerken, daß es die moderne Kerntechnik ermöglicht hat, nicht nur die fehlenden Elemente mit den Atomzahlen 43 (Technetium oder Ekamangan von MENDELEJEW), 61 (Prometium) und 85 (Astatium oder Ekajod von MENDELEJEW), für die kein natürliches Vorkommen nachgewiesen werden konnte, künstlich zu erzeugen, sondern auch gleichzeitig den Grundstein für die künstliche Erzeugung der sogenannten Transurane zu legen. Man kann mit Zuverlässigkeit 9 Transurane für synthetisiert halten. Bereits MENDELEJEW hielt eine Erweiterung des Periodischen Systems in Richtung der Schwerelemente, also der Urane, für möglich.

Die Theorie der Struktur des Wasserstoffatoms, die von Bohr im Jahre 1913 entwickelt wurde, hat das Kernmodell eines Atoms mit den Vorstellungen von Quanten verbunden. Besonders wichtig war hier der Begriff von der Diskontinuität der energetischen Zustände eines Elektrons, das sich um den Atomkern bewegt. Die Energie eines Elektrons kann im Atom eine Reihe von Zuständen annehmen, die einigen energetischen Schalen oder „Bahnen" entsprechen. In einem elektronenreichen Atom ordnen sich die Elektronen schalenweise an und füllen auf eine bestimmte Weise die „freien Bahnen" aus. Die Hauptquantenzahl weist auf die Nummer der Schale hin, in welcher sich diese Elektronenbahn befindet.

Die Theorie der Wertigkeit, die von verschiedenen Standpunkten aus von Kossel und Lewis im Jahre 1916 entwickelt wurde, hat die chemische Trägheit der Elemente der Null-Gruppe für die Postulierung der Stabilität der Elektronenhüllen der Atome verwendet. Diejenigen Elemente, die im Periodischen System von Mendelejew vor oder nach den inerten Gasen (Edelgasen) stehen, müssen, wenn sie in eine Reaktion eintreten, soviele Elektronen abgeben oder aufnehmen, damit sie die stabile Elektronenkonfiguration eines Edelgases erlangen.

Die Theorie von Bohr, welche die Gesetze der klassischen Mechanik mit der Quantentheorie der Strahlung vereinigte, erklärte einige Eigenschaften des Wasserstoffatomes, darunter den Mechanismus der Bildung von Spektrallinien. Für die Berechnung der Struktur von höherwertigen Atomen und für die Lösung eines so wichtigen Problems wie das der chemischen Bindung hat sich diese Theorie jedoch als ungenügend erwiesen. Weiterentwickelt wurde die Theorie der Atomstruktur durch die Quantenmechanik, und zwar durch das System der vier Quantenzahlen (der Hauptquantenzahl n, der Nebenquantenzahl l, der magnetischen Quantenzahl m_l und der Spinquantenzahl m_s). Durch die Entdeckung des Pauli-Prinzips (1925), wonach in einem Atom zwei Elektronen, deren energetischer Zustand durch zusammenfallende Werte der vier Quantenzahlen charakterisiert werden konnte, niemals existieren können, konnte die Maximalzahl der Elektronen bestimmt werden, die in den verschiedenen energetischen Schalen eines Atoms existieren können. Die Ursache der periodischen Änderungen der Eigenschaften der chemischen Elemente wurde enträtselt. Diese liegt in der Periodizität der Struktur der Elektronenhüllen des Atoms:

1. Neue energetische Schalen werden in den Atomen periodisch, gemäß der Zunahme der Kernladung, mit Elektronen aufgefüllt.

2. In jeder Elektronenhülle des Atoms, die aufgefüllt wird, wiederholen sich periodisch gleiche Untergruppen von Elektronen (1s; 2s; 2p; 3s; 3p; 3d; 4s; 4p; 4d; 4f; usw.).

3. Die Element-Analogien, die im Periodischen System gesetzmäßig auftreten, lassen sich durch gleiche Struktur der Außenelektronen charakterisieren.

Wenn wir auch die Atomtheorie bei der Erklärung der Periodizität der Elementeigenschaften zu schätzen wissen, dürfen wir aber keinesfalls dem Fehler verfallen, der sehr oft in der Literatur anzutreffen ist, das Periodische System nur auf der Basis der vier Quantenzahlen und des Pauli-Prinzips aufzubauen. Das Pauli-Prinzip ermöglicht nur die Maximalzahl der Elektronen in den Energieschalen und Unterniveaus der Atome zu ermitteln. Die Reihenfolge der Auffüllung von Elektronenlücken läßt sich nicht bestimmen. Es kann auch nicht klären, warum es im Periodischen System zwei und nicht eine Periode mit je 8 Elementen, zwei und nicht eine Periode mit je 18 Elementen usw. gibt.

Die Berechnung einer Atomstruktur mit beliebiger Elektronenzahl läßt sich im Prinzip auf der Basis der Quantenmechanik durchführen. Dabei werden aber die approximativen Methoden der Quantenmechanik zur Klärung aller Einzelheiten in der Atomstruktur aller Elemente (darunter insbesondere der Schwerelemente) nicht noch angewandt.

Die Theorie der Atomstruktur hat zur Klärung der Stellung der Seltenen Erden (Lanthaniden) im Periodischen System beigetragen. Diese Elemente sind ihren Eigenschaften nach miteinander sehr verwandt. In der Regel sind sie dreiwertig, und eine Einordnung in verschiedene Gruppen des Periodischen Systems war ihrer chemischen Natur wegen nicht gerechtfertigt. Es hat sich herausgestellt, daß in diesem Teil des Periodischen Systems, angefangen von Cer, die neu hinzukommenden Elektronen in die vierte energetische Schale ($n = 4$) des Atoms eingebaut werden und die Untergruppe 4f bilden, welche bis 14 Elektronen enthalten kann und mit der Formierung von Lutetium endet. Die Zahl der Valenzelektronen ändert sich dabei nicht und ist gleich drei wie bei Lanthan. Aus diesem Grunde zählt man die Lanthaniden zur selben Gruppe wie Lanthan[1]), schreibt sie aber unter das Periodische System.

Die ersten der 14 Elektronen, die in das 4f-Band eingebaut werden, sind nicht sehr fest gebunden; daher sind Cer, Praseodym und anscheinend auch Neodym in der Lage, Verbindungen zu bilden, in denen sie vierwertig auftreten. Mit zunehmender Kernladung wächst die Stabilität dieser Elektronenschale. Es sei vermerkt, daß diese 4f-Schale in zwei Unterschalen mit je 7 Elektronen aufgefüllt wird, die bei Gadolinium bzw. Lutetium enden. Die Fähigkeit, Verbindungen hoher Wertigkeit zu bilden, weist auch Terbium auf, bei dem die Auffüllung der zweiten Unterschale beginnt. Die Lanthaniden, die vor dem Gadolinium (Samarium, Europium) und dem Lutetium (Ytterbium) stehen, können sich der stabilen Elektronenstruktur nähern, indem sie Elektronen abgeben und damit die Wertigkeit 3 oder sogar auch 2 erreichen.

In der modernen Lehre von der Stoffstruktur wird die Periodizität der Änderungen der physikalischen und chemischen Eigenschaften der Elemente vom Gesichtspunkt der Elektronenstruktur und der Atomabmessungen untersucht. Die effektiven Atom- und Ionenradien, die mittels Röntgenuntersuchungen aus den atomaren Abständen bestimmt wurden, zeigen eine periodische Änderung in Abhängigkeit von den Atomzahlen der Elemente (Abb. 2). Bei den Elementen der kleinen Perioden beobachtet man anfangs mit zunehmender Ordnungszahl eine Verringerung der effektiven Ionenradien, abhängig von der Zunahme der Kernladung, wodurch die Elektronen näher zum Atomkern gezogen werden. Erst wenn die Anzahl der Elektronen in der äußeren Hülle des Atoms stark zunimmt, führt die gegenseitige Abstoßung der Elektronen zu einem Anwachsen der effektiven Atomradien. Das nächste Maximum wird mit Beginn der darauf folgenden Periode durch ein Alkalimetall erreicht. Dieselbe Gesetzmäßigkeit ist nahezu auch für die Ionenradien charakteristisch. Bei den großen Perioden sind die Verhältnisse zwischen den Ordnungszahlen der Elemente und den Abmessungen der Atome viel komplizierter; in einer Periode lassen sich zwei Minima und Maxima beobachten.

Eine wichtige Besonderheit läßt sich auch bei den Lanthaniden beobachten, und zwar verringern sich beim Übergang von Lanthan zu Lutetium die Atom- und Ionenradien (Lanthanidenkontraktion), weil die Wirkung der zunehmenden Kernladung die gegenseitige Abstoßung der Elektronen in den Außenschichten der Elektronenhülle eines Atoms überwiegt. Als Ergebnis der erwähnten Erscheinung erweist sich praktisch die Größe der Atome jener analogen Elemente, die durch die Lanthanidengruppe getrennt werden, als gleich. Dies führt zu einer größeren chemischen Ähnlichkeit bei solchen Elementen wie Zirkon und Hafnium, Niob und Tantal, Molybdän und Wolfram u. a.

[1]) Dieser Vorschlag wurde von dem tschechischen Chemiker BOGUSLAV BRAUNER im Jahre 1901 gemacht.

Je größer die effektiven Atomradien sind, desto kleiner sind die spezifischen Gewichte der freien Elemente und umgekehrt. Die Kurve der spezifischen Gewichte in Abhängigkeit von der Atomnummer der Elemente zeigt im Vergleich zur Kurve der Atomradien im allgemeinen einen umgekehrten Verlauf (Abb. 3). Die Kurve der Atomvolumina ist dagegen der Kurve der Atomradien sehr ähnlich.

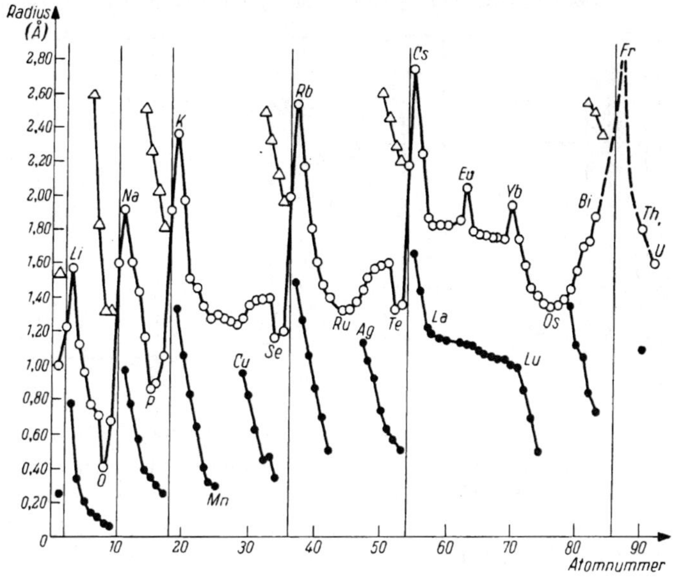

Abb. 2 Effektive Atom- und Ionenradien

○ Atomradien

● Ionenradien für die höchste positive Valenz

△ Radien der negativen Ionen

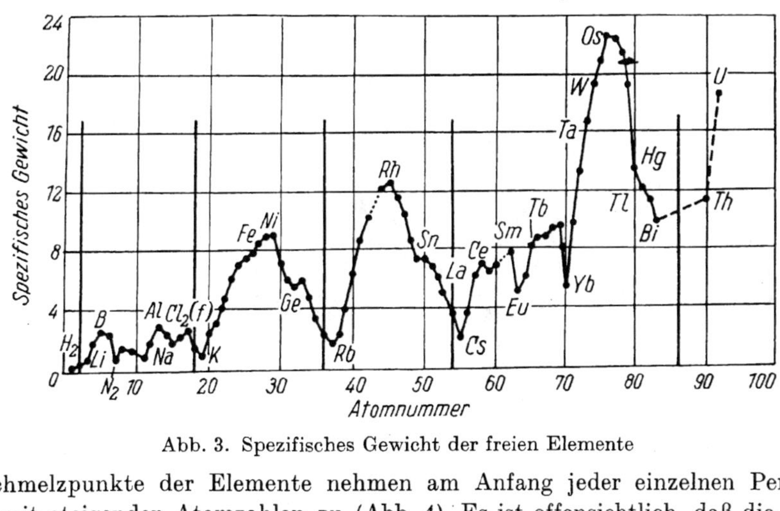

Abb. 3. Spezifisches Gewicht der freien Elemente

Die Schmelzpunkte der Elemente nehmen am Anfang jeder einzelnen Periode des Systems mit steigenden Atomzahlen zu (Abb. 4). Es ist offensichtlich, daß die Wechselwirkungskräfte zwischen den Atomen in solchen Kristallgittern, die atomaren Charakter aufweisen, infolge der Verringerung der Atomradien dabei zunehmen. Nimmt der Atomradius sehr stark ab, die Zahl der Elektronen in der Außenhülle der Atome dagegen stark zu, so läßt sich die Bildung von Molekülen allotroper Modifikationen der Elemente durch Ausbildung von Kovalenzen beobachten, z. B. N_2 oder P_4. Hierbei zeigt sich, daß die Schmelzpunkte der Elemente erniedrigt werden.

Die Bindefestigkeit der Elektronen in den Atomen ist für viele physikalische und chemische Eigenschaften der Elemente bestimmend. Meistens kann diese durch das Ionisationspotential charakterisiert werden, welches den Energieaufwand (in Elektronen-Volt) dar-

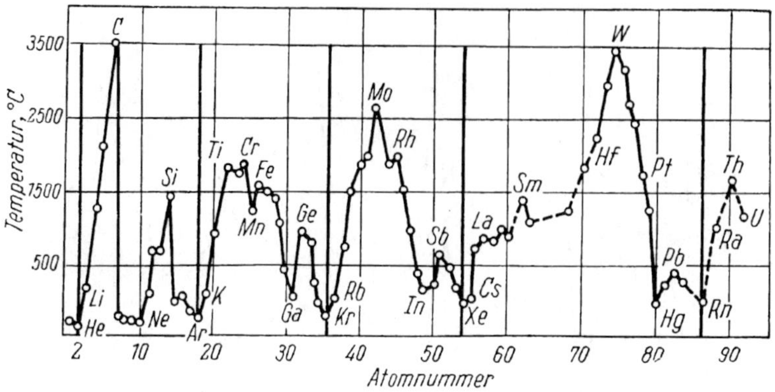

Abb. 4. Schmelzpunkte der freien Elemente

gestellt, der für das Abreißen des ersten Elektrons aus dem Atom notwendig ist. In diesem Fall entspricht ein Elektronen-Volt 23,05 Kal. für ein Gramm-Atom. Die Kurve der Ionisationspotentiale zeigt einen typisch periodischen Charakter (Abb. 5). Am leichtesten spalten die Alkalien ihre Valenzelektronen ab, was seine Ursache in ihren relativ großen Atomradien hat. Das maximale Ionisationspotential haben die Edelgase wegen der besonderen Stabilität ihrer Elektronenhüllen.

Viele physikalische Eigenschaften der Elemente, wie z. B. das äußere Aussehen, hängen auch von der Bindefestigkeit der inneren Elektronen der Atome ab. Diejenigen Elemente, die durch große Atomradien und niedrige Ionisationspotentiale charakterisiert sind, enthalten im festen und flüs-

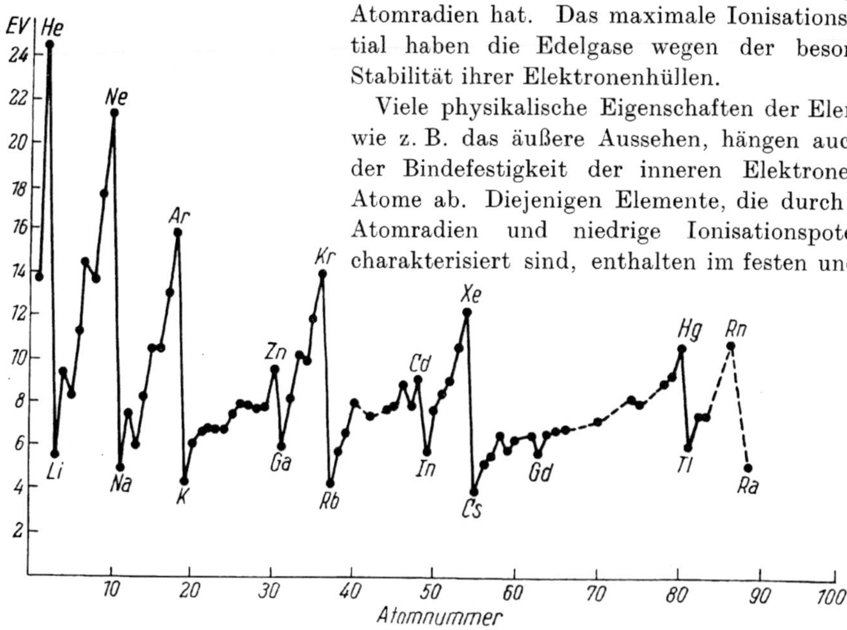

Abb. 5. Ionisationspotentiale der freien Elemente

sigen Zustand einen Teil ihrer Elektronen in Form des Elektronengases, das zwischen den positiv geladenen Ionen verteilt ist. Solche Elemente weisen Eigenschaften der Metalle auf. Als Beispiel für typische Metalle können die Elemente der I. Hauptgruppe des Periodischen Systems — die Alkalimetalle — dienen. Gemäß der Abnahme der Atomradien und der Zunahme der Ionisationspotentiale kann am Ende jeder Periode ein Übergang zu Nichtmetallen beobachtet werden. Nach jedem Element der Nullgruppe folgt ein Alkalielement mit einem größeren Atomradius und einem kleineren Ionisationspotential und mit ausgesprochen metallischen Eigenschaften. In jeder Gruppe des Periodischen Systems nehmen folglich die metallischen Eigenschaften der Elemente von oben nach unten zu (z. B. in der Gruppe Be, Mg, Ca, Sr, Ba, Ra) und die nichtmetallischen Eigenschaften ab (z. B. in der Gruppe O, S, Se, Te, Po).

Die höchste positive Wertigkeit der Elemente ist gleich der Anzahl der Elektronen, die sich in der nicht aufgefüllten äußeren Elektronenschale des Atoms befindet und ändert sich daher periodisch. Sie entspricht der Gruppennummer des Periodischen Systems. Die höchste positive Wertigkeit der Elemente der kleinen Perioden nimmt beim Übergang von der ersten zur siebenten Gruppe von 1 bis 7 zu und ist gleich Null in der Nullgruppe. Die höchste positive Wertigkeit der Elemente der großen Perioden ändert sich weniger übersichtlich. In der ersten Hälfte der Periode wächst sie von 1 bis 8, dann nimmt sie beim Übergang zur II. Nebengruppe (Zn, Cd, Hg) bis 2 ab und steigt am Ende der Periode wieder auf 7 an.

Einige Elemente weisen eine anomal hohe Wertigkeit auf, die sich mit der besonderen Struktur ihrer Atome erklären läßt. Die Wertigkeit der Elemente der I. Nebengruppe (Cu, Ag, Au) beträgt maximal 3, was anscheinend mit der Instabilität des 18-Elektronen-Niveaus zusammenhängt, dessen Formierung in der Mitte der großen Periode endet. Ein Teil der Elektronen in dieser Schale zeigt Eigenschaften der Valenzelektronen. Die Ursachen der anomalen Wertigkeit bei Cer, Praseodym, Neodym und Terbium wurden schon erwähnt.

In zahlreichen Fällen bilden die Elemente keine so hohen Sauerstoffverbindungen, wozu sie gemäß ihrer Stellung im Periodischen System durchaus in der Lage wären. Unter den Nichtmetallen tritt diese Erscheinung z. B. beim Fluor und Brom zutage. Von den Elementen der VIII. Gruppe werden die höchsten Oxyde von der Zusammensetzung RO_4 nur vom Ruthenium und Osmium gebildet. Bei den übrigen Elementen dieser Gruppe konnten derartige Oxyde noch nicht mit Sicherheit nachgewiesen werden.

Die negative Wertigkeit eines Elementes entspricht der Anzahl Elektronen, welche sein Atom noch aufnehmen kann, um die Elektronenkonfiguration des nächsten Edelgases zu erlangen. Sie ergibt sich bei den Nichtmetallen im allgemeinen aus Verbindungen mit Metallen oder Wasserstoff. Diese Elemente stehen im Periodischen System vor den Edelgasen und treten gesetzmäßig gegen Ende jeder Periode auf. Die Größe der negativen Wertigkeit ist gleich der Differenz: acht minus Nummer derjenigen Gruppe, zu welcher das Element gehört. Die Neigung des Elementes zur negativen Wertigkeit wird durch die Elektronegativität charakterisiert.

Die Ermittlung des Zusammenhanges zwischen Lage eines Elementes im Periodischen System und seiner Wertigkeit ist eine der wichtigsten Folgen des Periodischen Gesetzes.

In jeder Periode des Systems verändern sich die chemischen Eigenschaften der von den Elementen gebildeten höchsten Oxyde und deren Hydrate gesetzmäßig und sind von Valenz und Größe der Elementatome abhängig. Am Anfang der Perioden, wo die Elemente eine niedrige Wertigkeit und einen großen Atomradius aufweisen, haben die Oxydhydrate basischen Charakter, da die Bindung zwischen den Ionen eines Elementes und dem Sauerstoffatom verhältnismäßig schwach ist, was bei der elektrolytischen Dissoziation zur Abspaltung der Hydroxylionen führt. Bei Zunahme der Wertigkeit und gleichzeitiger Abnahme des Atomvolumens nimmt die Bindefestigkeit zwischen dem Element und dem Sauerstoff in dem Oxydhydrat zu. Gleichzeitig erfolgt eine Abstoßung der Protonen von dem mehrwertigen Zentralatom des Hydroxydes, wodurch die Festigkeit dieser Bindung verringert wird. Anfangs führt dies zu amphoteren Erscheinungen und schließlich zu den steigenden Säureeigenschaften der Oxydhydrate. Die Elemente einer Nebengruppe zeigen in der Regel mit steigender Ordnungszahl und entsprechender Zunahme des Atomradius eine Abschwächung des Säurecharakters und eine Zunahme der Basizität der von ihnen gebildeten Oxyde und Oxydhydrate.

Die Eigenschaften der Verbindungen eines Elementes sowohl in einer Gruppe als auch in den Perioden des Systems hängen auch von der Beweglichkeit der äußeren Elektronenschalen der einzelnen Atome, deren Deformierbarkeit bei Einwirkung äußerer elektrischer Felder und der von Ionen ab. Der Charakter der chemischen Bindung in den Verbindungen läßt sich mit den genannten Polarisationserscheinungen bestimmen, und von ihm sind auch im bedeutenden Maße die Eigenschaften der Verbindungen abhängig, wie z. B. Schmelz- und Siedetemperatur, elektrische Leitfähigkeit, oxydierende und reduzierende Wirkungen usw. Zur Illustrierung derartiger Wechselwirkungen kann das Diagramm der Schmelzpunkte der Oxyde dienen (Abb. 6). Die maximalen Schmelzpunkte entsprechen

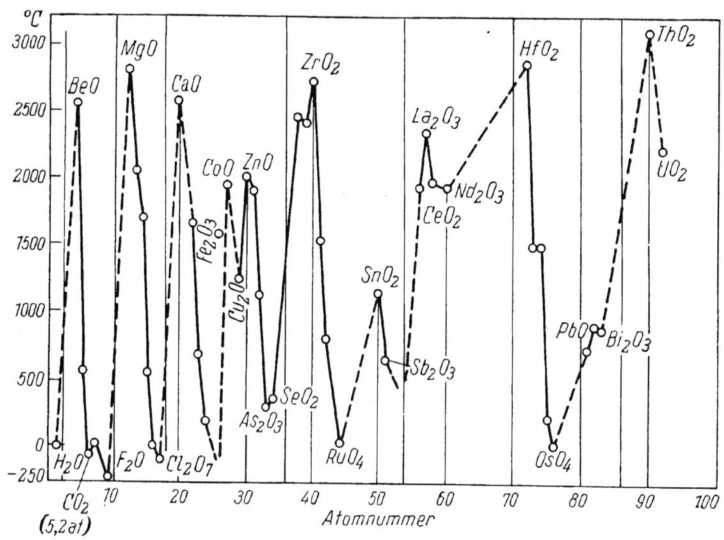

Abb. 6. Schmelzpunkte der Oxyde

den Oxyden mit einer Ionenstruktur, welche von den Elementen mit niedriger Wertigkeit gebildet werden. Mit Zunahme der Wertigkeit der Elemente nimmt auch die polarisierende Wirkung der Ionen zu, ein Umstand, welcher zur Entstehung der chemischen Bindung eines weniger typisch ionisierten oder polaren Charakters führt. Dementsprechend nimmt die Schmelztemperatur der Verbindungen ab. Das neue Maximum wird in der nächsten Periode erreicht.

Mit der heutigen Theorie der Atomstruktur können für quantitative Berechnungen nur ein sehr begrenzter Teil von Elementeigenschaften herangezogen werden, und zwar die optischen- und die Röntgenspektren, die magnetische Suszeptibilität und die Energie der chemischen Bindung einfachster Systeme. Andere wichtige Eigenschaften, wie Schmelz- und Siedetemperatur der freien Elemente, Schmelz- und Siedetemperatur der Verbindungen, Energie der chemischen Wechselwirkung für komplizierte Systeme u. a. m., können heute nur qualitativ mit der Atomstruktur und den Atomausmaßen verbunden werden. Die akute Aufgabe ist, die Theorie der Atomstruktur weiter zu entwickeln, und die Wirkung feiner Faktoren der Atomstrukturen auf die physikalischen und chemischen Eigenschaften der Elemente zu studieren. Diese Untersuchungen werden z. Z. noch in ungenügendem Maße durchgeführt, und es lassen sich nur einige wenige Ergebnisse erwähnen.

Indem A. F. KAPUSTINSKI (1951) die Zahlentheorie auf das Periodische System anwandte, hat er den Nachweis erbringen können, daß auch die Nullperiode mit in die MENDELEJEW-Tabelle einbezogen werden muß. Für die Bestimmung der Elementenzahl (S) in jeder Periode schlug er eine allgemeine Formel $S = 2\,(n_1 + n_2)^2$ vor, wobei n_1 die Reihennummer der geraden Periode am Anfang des MENDELEJEW-Systems, n_2 die der ungeraden Periode darstellt. Auf diese Weise läßt sich das Vorhandensein von 2 Perioden mit je 8 Elementen, von 2 Perioden mit je 18 Elementen u. a. m. erklären. Hiermit hat gemäß der Anordnung des Elementensystems die eigenartige sekundäre Periodizität der Perioden des MENDELEJEW-Systems ihre Widerspiegelung gefunden.

W. M. KLETSCHKOWSKI hat im Jahre 1951 unter dem Gesichtspunkt der Rolle der Summen von Haupt- und Nebenquantenzahlen $n + l$ die Frage über die Reihenfolge der Auffüllung der Elektronenschalen in den Atomen und damit auch die Frage über die Anzahl der Elemente in den Perioden des MENDELEJEW-Systems untersucht. Laut der von ihm formulierten Regel erfolgt die Auffüllung dieser Schalen mit steigender Ordnungszahl des Elementes fortlaufend von den Schalengruppen mit einer kleineren Summe $(n + l)$ zu den Schalengruppen mit größerer Summe $(n + l)$ und im Bereiche jeder einzelnen Gruppe $(n + l)$ von den Untergruppen mit einem größeren l-Wert zu den Untergruppen mit einem kleineren l-Wert nach folgender Formel:

$$Z = \tfrac{1}{3}\, l\,(2\,l + 1)\,(2\,l + 2) + 1\,,$$

wobei Z die Atomzahl eines Elementes ist, in dessen Elektronenhülle des neutralen, nicht angeregten Atomes ein Elektron mit der gegebenen Größe l erscheinen muß. Mit dieser Regel läßt sich verhältnismäßig genau die quantitative Seite einiger Gesetzmäßigkeiten darstellen, die sich auf Strukturänderungen der Elektronenschalen der Atome mit Zunahme von Z beziehen.

D. IWANENKO und S. LARIN haben im Jahre 1953 die Frage über die Reihenfolge der Auffüllung der energetischen Elektronenhüllen der Atome untersucht, indem sie die approximative Gleichung von THOMAS-FERMI-DIRAC, welche die Austauschwechselwirkung der Elektronen berücksichtigt, angewandt haben. Die von ihnen zusammengestellte Gleichung ermöglichte die Atomzahl, bei welcher die f-Zustände sich aufzufüllen beginnen, richtig zu berechnen.

G. R. SOMAYADJULU und S. R. PALIT haben im Jahre 1957 bei verschiedenen Halogenderivaten die Abhängigkeit zwischen Siedetemperatur und Atomgröße studiert. Es hat sich dabei erwiesen, daß die Siedepunkte bei Vertretern einer bestimmten Reihe der Halogenderivate, z. B. in den Verbindungen der Halogene untereinander, linear von der Fläche der Halogenatome abhängen, die für ein Molekül errechnet wurde. Die Berechnung der Siedepunkte läßt sich nach der Formel:

$$T_b = a_1 \Sigma R_c^2 + b\,,$$

durchführen, wobei T_b die Siedetemperatur (°K), R_c der kovalente Radius der Halogenatome im Molekül, a_1 und b Konstanten sind.

Abb. 7 zeigt die Anwendbarkeit dieser Formel für die Siedepunkte der Halogenverbindungen untereinander von der Art X_2 und Abb. 8 für die Siedepunkte von 4 Reihen Halogenderivaten verschiedener Arten.

Z. SZABÓ hat im Jahre 1954 den Gedanken geäußert, daß die physikalischen Eigenschaften der freien Elemente (Schmelz- und Siedetemperaturen, Sublimationswärmen) nicht direkt von der Atomzahl abhängig sind, sondern periodische Funktionen der feinen Verteilung der Elektronen nach s- und p-Unterschalen darstellen (Abb. 9). Die Schmelzpunkte der

Übergangselemente lassen sich als eine Funktion der Anzahl der nichtgepaarten Elektronen in den Atomen darstellen.

Oben wurde die geringe Entwicklung der heutigen Theorie der Stoffstruktur für eine quantitative Berechnung verschiedener Eigenschaften der chemischen Elemente und ihrer Verbindungen erwähnt. Um jedoch den heutigen Entwicklungsstand zu erreichen, hat das Periodische Gesetz eine wichtige Rolle gespielt. Mit den Konstanten und der Reaktionsfähigkeit der schon untersuchten Elemente und Verbindungen konnten durch Anwendung der Mendelejew-Methode die Eigenschaften der noch nicht untersuchten Elemente und Verbindungen berechnet oder neue Stoffe synthetisiert werden.

Glänzende Resultate ergab die Anwendung des Periodischen Gesetzes bei geochemischen Problemen. Die Grundlage dazu schuf D. I. Mendelejew selbst. In seiner ersten Veröffentlichung über das Periodische Gesetz wies er darauf hin, daß „die in der Natur verbreitetsten einfachen Stoffe ein kleineres Atomgewicht aufweisen". Diese Regel von D. I. Mendelejew ist auch heute noch eine der wichtigsten in der Geochemie.

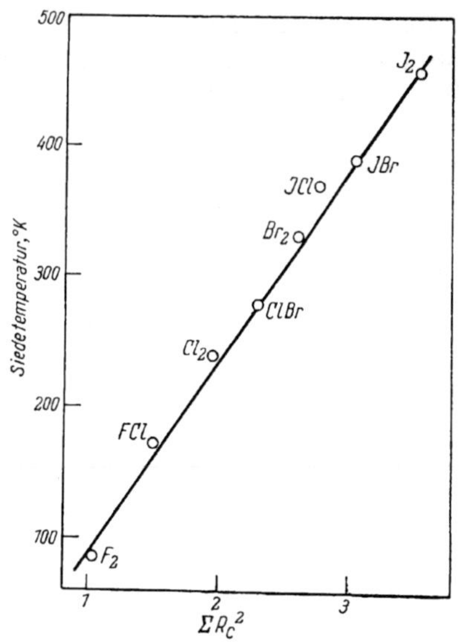

Abb. 7. Siedepunkte der zweiatomigen Halogenverbindungen als Flächenfunktion der Oberfläche der Halogenatome

W. I. Wernadski (1934) hat die Elemente nach ihrer Fähigkeit zur Migration in sechs geochemische Gruppen eingeteilt (Edelgase, Edelmetalle, zyklische Elemente, verstreute Elemente, stark radioaktive Elemente und Seltene Erden) und den engen Zusammenhang der geochemischen Eigenschaften eines Elementes mit seiner Lage im Periodischen System gezeigt. So lassen sich z. B. die verstreuten Elemente durch ungerade Atomzahlen charakterisieren, und sie beziehen sich immer auf ungerade Gruppen des Periodischen Systems.

A. E. Fersman hat im Jahre 1937 nachgewiesen, daß das Periodische Gesetz allseitig und tief die Kombination, Verteilung, Migration und Konzentration der chemischen Elemente in der Natur leitet. Er hat durch Anwendung der langen Form der Mendelejew Tabelle festgestellt, daß die 18 senkrechten Gruppen (Haupt- und Nebengruppen) geochemisch den bekannten Reihen des Isomorphismus von W. I. Wernadski entsprechen. In waagerechter Richtung lassen sich 5 geochemische Familien aussondern (Eisen, Molybdän, Seltene Erden, Rhenium, Uran). Die zu diesen Familien gehörenden Elemente, abgesehen vom Unterschied in Ladung und Wertigkeit, werden infolge einer allmählichen Veränderung ihrer Eigenschaften vereinigt. Die Diagonale in der Tabelle (von Wasserstoff zu Radon) verbindet die Elemente verschiedener Wertigkeit aber ähnlicher Radien, was bei der isomorphen Substitution eine besonders wichtige Rolle spielt.

A. E. Fersman teilte das Periodische System in eine Reihe geochemischer Felder ein, die ganz bestimmten geochemischen Prozessen und Elementassoziationen entsprechen. Auf diese Weise läßt sich die Zusammensetzung der Mineralien, die bei verschiedenen Stadien der Kristallisation des Silikatmagmas ausgeschieden wurden, eng mit dem Periodischen Gesetz verbinden. Über die Verbreitung der Elemente in Abhängigkeit von deren Lage im Periodischen System hat Fersman interessante Gedanken geäußert.

Das Periodische Gesetz erweiterte die theoretischen Verallgemeinerungen auf verschiedenen Gebieten der Chemie und der angrenzenden Wissenschaften.

E. W. BIRON hat im Jahre 1915 die sekundäre Periodizität in einigen Gruppen des Periodischen Systems entdeckt. Diese Erscheinung läuft darauf hinaus, daß die Eigenschaften der Elemente einer Nebengruppe sich von oben nach unten nicht monoton, sondern peri-

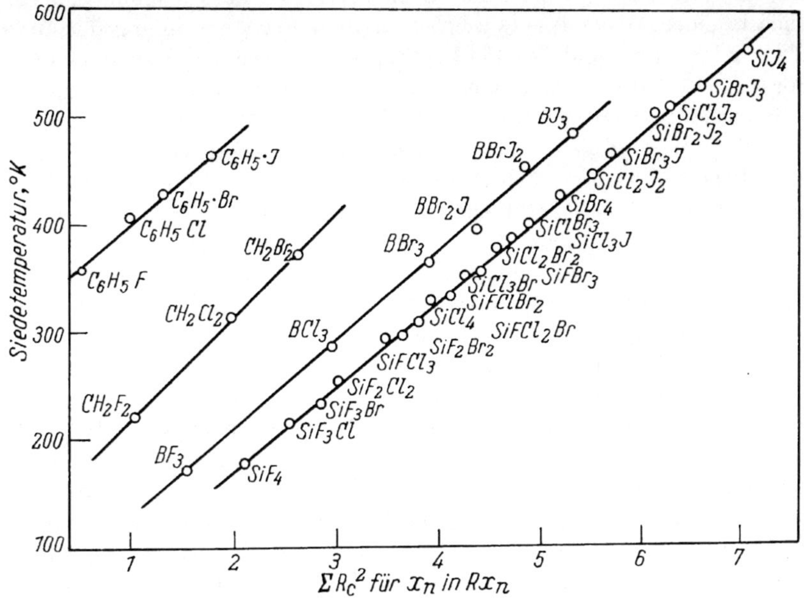

Abb. 8. Siedepunkte verschiedener Halogenide als Flächenfunktion der Oberfläche der Halogenatome

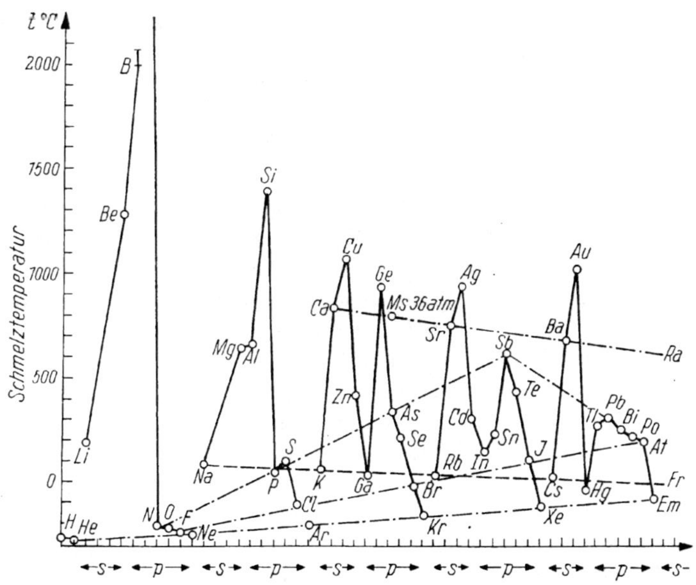

Abb. 9. Schmelzpunkte der s-p Elemente

odisch verändern. So nimmt z. B. die Festigkeit der Sauerstoffverbindungen der Halogene beim Übergang vom Fluor zum Chlor zu, verringert sich beim weiteren Übergang zum Brom und nimmt bei den Jodverbindungen wieder zu. S. A. SCHTSCHUKAREW stellte im

Jahre 1953 fest, daß sich die sekundäre Periodizität der Bildungswärmen der Elementverbindungen einer Nebengruppe parallel mit der Periodizität der Änderungen der Ionisationspotentiale derselben Elemente beobachten läßt. Von ihm wurde auch die Meinung geäußert, daß die Hauptrolle bei der sekundären Periodizität die Kombination von s- und d-Elektronen in einem Atom spielt, welche zur d- und f-Verfestigung der Bindung des „tauchenden" s-Elektrons und zur Verdichtung entsprechender Elektronenhüllen führt.

G. B. Bokij (1942) hat die kristallinen Strukturen der freien Elemente untersucht und auf sechs Haupttypen zurückgeführt, welche sich gesetzmäßig auf die Untergruppen des Periodischen Systems verteilen. Nach den kristallchemischen Angaben kann man die Elemente der kurzen Perioden mit bestimmten Elementen der langen vereinigen und dadurch eine vom kristallchemischen Gesichtspunkt aus rationelle Verteilung der Elemente in den Untergruppen durchführen.

A. F. Kapustinski (1944) hat gezeigt, daß die absoluten Entropien der freien Elemente im festen Zustand unter Standardbedingungen (und auch die Entropien der Ionen in wäßrigen Lösungen) eine periodische Funktion der Atomzahlen der Elemente darstellen. Die Maxima entsprechen dem Periodenanfang, d. h. den Alkalientropien. Dadurch wurde der Zusammenhang zwischen der Thermodynamik und dem Periodischen System aufgezeigt.

B. W. Nekrassow (1935) hat den Begriff der Elektronenanalogien entwickelt, welcher die Gesetzmäßigkeiten der gewöhnlichen (kurzen) Form des Periodischen Systems theoretisch begründet und die Natur des Zusammenhanges zwischen den Untergruppen der Elemente in der Mitte der großen Perioden mit den typischen Elementen jeder einzelnen Gruppe aufklärt. Die Atome, welche bei allen Valenz-Zuständen ein und dieselbe Struktur der Außenelektronenhülle aufweisen, sind völlig elektronen-analog (z. B., Be, Mg, Ca, Sr, Ba, Ra, Sc, Y, La, Ac u. a.). Läßt sich eine Strukturähnlichkeit nur bei einigen Valenz-Zuständen nachweisen, so sind die Elemente nicht voll elektronen-analog (P und As, Sb, Bi; Na und Cu, Ag, Au usw.). Mittels dieses Begriffes wurden Unstimmigkeiten im Periodischen System geklärt, wie z. B. die Ähnlichkeit zwischen der höchsten Sauerstoffverbindung des Chlors und des Mangans beim Fehlen einer Ähnlichkeit bei den Verbindungen des Chlors und des Broms.

Das Periodische Gesetz findet eine immer größere Bedeutung in der Chemie der Metalle und der Metallegierungen. In seinen ersten Arbeiten über die Metallverbindungen untereinander betonte N. S. Kurnakow (1899), daß die Elemente einiger Gruppen (z. B. Alkali- und Erdalkalimetalle) eine ausgesprochene Neigung zur Bildung von Verbindungen mit anderen Metallen besitzen. Es wurde festgestellt, daß die Metalle feste Lösungen bilden können, die etwa gleiche Atomgewichte aufweisen und in ein und derselben Reihe des Periodischen Systems stehen. Besonders trifft das für die Schwermetalle der VI. Periode (Au, Hg, Tl, Pb, Bi) sowie für die Elemente der IV. Periode zu, die in der Nähe des Eisens liegen (Mn, Fe, Co, Ni, Cu). Ununterbrochene Reihen von festen Lösungen ergeben bisweilen auch solche Metallelemente, die zu ein und derselben Nebengruppe des Periodischen Systems gehören. Die Messing-Legierungen werden z. B. von den Elementen der ersten Nebengruppe (Cu, Ag, Au) mit den Elementen der zweiten Gruppe (Mg, Zn, Cd) gebildet, bei welcher eine Anzahl von Phasen mit variabler Zusammensetzung entsteht; diese Phasen ordnen sich in einer bestimmten Reihenfolge und haben analoge kristalline Struktur.

Die Lage eines Metallelementes im Periodischen System bestimmt die Zusammensetzung und den Charakter der von ihm gebildeten intermetallischen Verbindungen. Die sehr verbreitete Struktur vom Nickel-Arsenid-Typus, Ni-As, entsteht nach W. Goldschmidt (1927) bei der Wechselwirkung der Übergangselemente der großen Perioden (Cr, Mn, Fe, Co, Ni, Pd, Pt, Cu, Au) mit solchen anionenbildenden Elementen (Sn, Pb, As, Sb, Bi u. a.), die höchstens 5 Stellen vor einem Edelgas stehen.

Die ihrer chemischen Natur nach verwandten Elemente bilden Legierungen mit analogen Eigenschaften. So ändert sich z. B. die Härte der Nickel-Arsenidphasen in den Systemen FeSb, CoSb und NiSb gesetzmäßig und abhängig von der Lage der Legierungskomponenten im Periodischen System (N. W. AGEEW, E. S. MAKAROW, 1943).

W. F. SHURAWLJEW hat im Jahre 1951 festgestellt, daß in Zementen die Bindemitteleigenschaften einer Reihe chemischer Verbindungen (Silikate, Aluminate, Ferrite u. a.) von der Lage derjenigen Elemente im Periodischen System abhängig sind, welche das basische Oxyd in diesen Stoffen bilden.

A. A. LITWAKOWSKI (1956) untersuchte die Periodizität der Schmelzpunkte der Metalle und der Höchstoxyde von Elementen der Nebengruppen des Periodischen Systems und zeigte, daß diese Periodizität verbunden ist mit der Entstehung der Hybridbahnen bei der Akkumulation in der äußeren Schicht der Elektronenhülle des Atoms und der Summe aus s- und d-Elektronen von 4 bis 10 bei freien Elementen und von 2 bis 4 bei den Ionen der Metalle, die in den Oxyden enthalten sind. Die Maxima der Schmelzpunkte bei den Übergangsmetallen der VI. Gruppe und der Höchstoxyde der Übergangselemente der IV. Gruppe zeugen anscheinend davon, daß in beiden Fällen eine für diese Reihe maximale Anzahl hybrider Bindungsbahnen gebildet wird. Die erwähnten theoretischen Annahmen ermöglichten dem Autor, die Zusammensetzung eines neuen feuerfesten Stoffes zu finden, welcher sich viel feuerfester als früher verwendete Stoffe erwiesen hat.

Die Aktivität der Katalysatoren hängt sowohl von der Lage der verwendeten Elemente im Periodischen System als auch von den chemischen Eigenschaften der entsprechenden Verbindungen ab: G. M. SHABROWA, S. Z. ROGINSKI und E. A. FOKINA haben (1954) am Beispiel des Zerfalls von Wasserstoffperoxyd gezeigt, daß Katalysatoren, die Übergangselemente der großen Perioden enthalten und eine intensive Färbung aufweisen, in der Regel viel aktiver sind als ungefärbte Verbindungen ohne Übergangselemente. Eine ähnliche Gesetzmäßigkeit wurde früher auch bei der vollständigen Oxydation der Kohlenwasserstoffe beobachtet.

Die Zusammenhänge zwischen Atomgewichten und Ordnungszahlen der Elemente wurden wiederholt untersucht. J. RYDBERG (1886) stellte fest, daß das Atomgewicht eines Elementes etwa doppelt so groß ist wie seine Ordnungszahl. J. VINCENT (1902) hat folgende Formel vorgeschlagen: $W = N^{1,21}$, wobei W das Atomgewicht und N eine ganze Zahl mit den Werten von $N = 1$ für Wasserstoff bis $N = 92$ für Uran bedeuten. F. I. LEWINSON-LESSING hat im Jahre 1923 die Gesetzmäßigkeit der Differenzveränderung zwischen dem Atomgewicht des Elementes und der verdoppelten Ordnungszahl gezeigt. S. A. SCHTSCHUKAREW (1949) hat die Unterschiede der Atomgewichte bei Nachbarelementen analysiert. Die Zwillingselemente mit einer geringen Differenz in den Atomgewichten am Anfang des Periodischen Systems (bis Gallium) bilden Paare, in welchen das vorhergehende Element ein ungerades und das darauffolgende ein gerades Element darstellt. Nach Gallium ist in jedem Zwillingspaar der Elemente das erste immer ein gerades Element. SCHTSCHUKAREW hat diese Gesetzmäßigkeit mit der Struktur der Atomkerne der Isotope verbunden und ist zu der Schlußfolgerung gekommen, daß das Atomgewicht sowie der chemische Charakter der Elemente eine gewisse periodische Funktion der Ordnungszahl sind.

In einer Anzahl Arbeiten zur Erforschung der Periodizität der Eigenschaften der Atomkerne wurde versucht, den Zusammenhang eines periodischen Systems der Atomkerne mit dem Periodischen System von D. I. MENDELEJEW zu bestimmen. Die Erörterung dieser Fragen gehört nicht zur Aufgabe des vorliegenden Berichtes. Es sei nur kurz vermerkt, daß sich einige Eigenschaften der Atomkerne wirklich periodisch ändern, wenn die Isotope in der Reihenfolge der Zunahme der Kernladungen betrachtet werden. Zu solchen Eigenschaften gehören die Bindungsenergie der Nucleone, die Quadrupelmomente der Atomkerne u. a. sowie auch die Verbreitung der Elemente in der Natur.

Es gibt Gründe anzunehmen, daß die Innenstruktur der Atomkerne durch die Anordnung der Nucleone in Schalen, die sich voneinander durch ihre Energieniveaus unterscheiden, den Energiehüllen des Atomes ähnelt. Aber für die Elektronenstruktur der Atome und für die Kernpartikelgruppierungen der Atomkerne ist die Wiederholbarkeit der Eigenschaften nicht ein und denselben quantitativen Gesetzmäßigkeiten untergeordnet.

Die Synthese einer Anzahl Transurane, die im Laufe von etwa 20 Jahren verwirklicht wurde, hat in bezug auf das Periodische System ganz neue Probleme aufgeworfen.

Es sind heute mit Sicherheit 9 Transurane mit den Atomzahlen 93—101 bekannt. Die Darstellung des Elementes mit der Ordnungszahl 102, von dem schon in der Literatur mitgeteilt wurde, ist jedoch noch umstritten.

Das erste Transuranelement — Neptunium (Ordnungszahl 93) — wurde von McMILLAN und ABELSON im Jahre 1940 durch Beschuß des Urans mit Neutronen entdeckt:

$$^{238}_{92}U + ^{1}_{0}n = ^{239}_{92}U$$

$$^{239}_{92}U = ^{239}_{93}Np + \beta^- .$$

Weitere Erfolge auf dem Gebiete der Darstellung von Transuranen ergeben sich aus den Arbeiten des hervorragenden amerikanischen Gelehrten G. SEABORG und seiner Mitarbeiter. Im Jahre 1940 wurde von ihnen aus dem Zyklotron das Element Plutonium (Ordnungszahl 94) synthetisiert:

$$^{238}_{92}U + ^{2}_{1}H = ^{238}_{93}Np + 2^{1}_{0}n$$

$$^{238}_{93}Np = ^{238}_{94}Pu + \beta^-$$

In den Jahren 1944—55 folgten die Entdeckungen von 7 weiteren Transuranen.

Die Synthese des Americiums (Ordnungszahl 95) wurde durch Beschuß des Plutoniums mit Neutronen verwirklicht. Curium (Ordnungszahl 96), Berkelium (Ordnungszahl 97) und Californium (Ordnungszahl 98) wurden durch Beschuß von Plutonium, Americium und Curium mit α-Teilchen hoher Energie erhalten. Für die Synthese des Einsteiniums (Ordnungszahl 99) wurde Uran mit Stickstoffionen beschossen. Fermium (Ordnungszahl 100) konnte durch Beschuß des Einsteiniums mit Neutronen synthetisiert werden. Das Element mit der Ordnungszahl 101 wurde durch die Einwirkung von α-Teilchen auf Einsteinium erhalten. Seine Entdecker, A. GIORSO, B. HARVEY, G. CHOPPIN, S. THOMPSON und G. SEABORG, haben dieses neue Element Mendelewium bezeichnet, also nach dem großen russischen Chemiker Dmitri MENDELEJEW, der als erster das Periodische System der Elemente für die Voraussage der chemischen Eigenschaften der noch nicht entdeckten Elemente angewandt hatte, jenes Prinzip, das als Schlüssel für die Entdeckung der letzten sieben Transurane (Actiniden) gedient hat.

Die ersten Mitteilungen über die Entdeckung des Elementes mit der Ordnungszahl 102 sind im Jahre 1957 erschienen. Eine Gruppe amerikanischer, englischer und schwedischer Forscher hatte Curium mit den Ionen des Kohlenstoffs-12 bestrahlt. Für dieses neue Element wurde der Name Nobelium vorgeschlagen. Doch die Ergebnisse sind in der Literatur noch widersprechend.

In der UdSSR haben im Jahre 1957 G. M. FLEROW, S. M. POLIKANOW, A. S. KARAMJAN u. a. beim Beschuß des Plutoniums-241 mit fünffachgeladenen Sauerstoffionen α-Teilchen mit einer Energie von 8 bis 9 Millionen Elektronen-Volt entdeckt, die dem Element mit der Ordnungszahl 102 zugeschrieben werden können.

Im Jahre 1958 hat eine Gruppe von Mitarbeitern aus dem radiochemischen Laboratorium der Universität in Kalifornien über die Identifizierung des Isotopes $^{254}102$ als eines bei der

Bestrahlung von Curium-246 mit Ionen des Kohlenstoffs-12 entstandenen Produktes berichtet. Die Synthese des Elementes mit der Ordnungszahl 102 bedarf noch weiterer Untersuchungen.

Plutonium, eines der wichtigsten Transurane, wird z. Z. industriell hergestellt und ist ein wichtiger Kernbrennstoff. Neptunium, Americium und Curium sind in verhältnismäßig geringen Mengen gewonnen worden. Sie wurden sowohl in freiem Zustand als auch in verschiedenen Verbindungen studiert. Erst im Jahre 1958 ist es gelungen, Bruchteile eines Mikrogrammes Berkelium und Californium zu gewinnen. Die Elemente nach Californium sind nur in unwägbaren Mengen hergestellt und ihre Eigenschaften radiochemisch und teilweise optisch untersucht worden. Eine wichtige Rolle hat dabei auch die Anwendung der Trägermethoden gespielt.

Von den Transuranen sind heute viele Isotope bekannt, die auf verschiedenen Wegen erhalten wurden. Angaben über die langlebigen Isotope der Transurane sind in Tabelle 1 zusammengestellt.

Tabelle 1
Langlebige Isotope der Transurane

Atom-nummer	Element	Massen-zahl des Isotopes	Ausstrahlungs-art	Halbwertszeit
93	Neptunium	237	α	$2{,}20 \cdot 10^6$ Jahre
94	Plutonium	244	α	$7{,}6 \cdot 10^7$ Jahre
95	Americium	243	α	7600 Jahre
96	Curium	247	α	$\geqq 4 \cdot 10^7$ Jahre
97	Berkelium	247	α	$\sim$ 7000 Jahre
98	Californium	251	α	660 Jahre
99	Einsteinium	254	α	280 Tage
100	Fermium	253	α Ergreifung von $\bar{e}$	4,5 Tage
101	Mendelewium	256	$\bar{e}$	ca. 0,5 Stunden

Die Frage nach der Stellung der Transurane im Periodischen System ist sehr eng mit der Struktur der Atome und ihrer in den Verbindungen auftretenden Wertigkeit verbunden.

Die Theorie der Atomstruktur sieht vor, daß am Anfang der vierten großen Periode, nach Actinium, die Auffüllung des 5f-Niveaus zu erwarten ist, das dem 4f-Niveau der Lanthaniden entspricht.

Im Jahre 1952 haben G. SEABORG und A. WAHL festgestellt, daß in der vierten großen Periode des Periodischen Systems nach Actinium eine Gruppe von Elementen steht, die den Lanthaniden analog ist. Diese Elementengruppe wurde als Actiniden bezeichnet. Die Actinidentheorie sieht eine Analogie zwischen den entsprechenden Elementen in den Gruppen der Lanthaniden und der Actiniden vor. Die heutigen Kenntnisse (und Annahmen) über die Atomstruktur der Lanthaniden und der Actiniden sind in Tabelle 2 zusammengefaßt.

Aus der Tabelle ist zu ersehen, daß sehr wesentliche Unterschiede in der Struktur der äußeren Elektronenhüllen der ersten drei Elemente dieser zwei Familien bestehen. Bei den nachfolgenden Actiniden ist die Strukturanalogie mit den Lanthaniden eindeutiger; es ist jedoch zu berücksichtigen, daß diese Analogien (z. B. durch Spektralmethoden) noch bekräftigt werden müssen.

Spektrale Untersuchungen von MEGGERS haben gezeigt, daß die ersten 5f-Elektronen wahrscheinlich erst beim Protactinium auftreten. Kristallographische Untersuchungen

Tabelle 2

Anordnung der Elektronen in den Lanthaniden- und Actinidenatomen

Lanthaniden		Ce	Pr	Nd	Pm	Sm	Eu	Gd	Tb	Dy	Ho	Er	Tm	Yb	Lu
Elektronen-niveaus	6s	2	2	2	2	2	2	2	2	2	2	2	2	2	2
	5d	—	—	—	—	—	—	1	—	—	—	—	—	—	1
	4f	2	3	4	5	6	7	7	9	10	11	12	13	14	14
	7s	2	2	2	2	2	2	2	2	2	2	2	2	2	2
	6d	2	1	1	—	—	—	1	—	—	—	—	—	—	1
	5f	—	2	3	5	6	7	7	9	10	11	12	13	14	14
Actiniden		Th	Pa	U	Np	Pu	Am	Cm	Bk	Cf	E	Fm	Mv		

von ZACHARIASEN führten im Jahre 1952 zu der Schlußfolgerung, daß bei metallischem Thorium, Protactinium und Uran keine 5f-Elektronen nachgewiesen werden können und daß metallisches Neptunium nur ein 5f-Elektron besitzt.

Eine Sonderstellung der Actinidengruppe bezüglich einer Analogie zu den Lanthaniden ist heute vom Gesichtspunkt der Atomstruktur nur teilweise begründet.

In Tabelle 3 sind die Wertigkeiten der Lanthaniden und Actiniden angeführt. Wo es möglich war, ist die Hauptwertigkeit des Elementes angegeben, die den besonders stabilen Typen seiner Verbindungen entspricht.

Tabelle 3

Wertigkeit der Lanthaniden und Actiniden

Lanthaniden	Ce	Pr	Nd	Pm	Sm	Eu	Gd	Tb	Dy	Ho	Er	Tm	Yb	Lu
Vorhandene Wertigkeit	3,4	3,4	3	3	3,2	3,2	3	3,4	3	3	3	3	3,2	3
	4,3	5,4,3	6,5 4,3	6,5 4,3	6,5 4,3	6,5,4 3,(2)	3,4	3,4	3	3	3	3		
Actiniden	Th	Pa	U	Np	Pu	Am	Cm	Bk	Cf	E	Fm	Mv	—	—

Aus den Valenzverhältnissen der Actiniden kann gefolgert werden, daß die Bindefestigkeit der 5f- und 6d-Elektronen fast gleich ist. Außerdem steht anscheinend die Bindungsfestigkeit der 5f-Elektronen in den Actiniden der Bindungsfestigkeit der 4f-Elektronen in den Lanthaniden nach. Infolgedessen unterscheiden sich der Wertigkeit nach die ersten Vertreter der Actinidengruppe sehr kraß von den ersten Vertretern der Lanthanidengruppe.

Die Actinidentheorie spielte eine sehr wichtige Rolle bei der Isolierung und Identifizierung vieler Transurane. Sie hat es ermöglicht, feine chromatographische Methoden zum Nachweis geringster Mengen der neuen Elemente anzuwenden, indem sie die Gesetzmäßigkeiten der Verteilung, die für die Lanthaniden gelten, ausnutzte. Es ist aber dabei nicht zu vergessen, daß nach MENDELEJEW die Analogie der chemischen Eigenschaften und die Wertigkeit der Elemente deren Klassifizierung zugrunde gelegt werden muß. Wir können daher der Meinung nicht beistimmen, daß Protactinium das Analogon des Praseodyms, Uran das Analogon des Neodyms und Plutonium das Analogon des Samariums ist. Diese Elementenpaare weisen sehr verschiedene Eigenschaften auf, und Protactinium ist ein gesetzmäßiges Analogon von Tantal und Uran von Wolfram.

In der Literatur werden noch andere Meinungen über die Lage der Transurane im Periodischen System vertreten. M. HAISSINSKI (1953) hielt es für zweckmäßig, Thorium, Protactinium und Uran auf ihren alten Stellen im Periodischen System zu belassen, Neptunium, Plutonium, Americium in die Untergruppe der Uraniden, die an Uran grenzt, und Curium

Berkelium sowie die restlichen Transurane in eine besondere Familie der Curiden zusammenzufassen. Eine ähnliche Meinung haben auch CH. CORYELL (1951) und V. I. SPICIN (1955) geäußert.

Es ist zu erwarten, daß weitere Untersuchungen neues Material über die Atomstruktur der Transurane liefern und die Kenntnisse über ihre chemische Analogie erweitern werden. Die Lage der Transurane im Periodischen System hat große prinzipielle Bedeutung, da sie neue theoretische Anwendungsmöglichkeiten des Periodischen Gesetzes auf die elektronenreichen Schweratome eröffnet.

Die Darstellungsmethoden des Periodischen Systems wurden von vielen Autoren erforscht. Die kurze und die lange Form der MENDELEJEW-Tabelle mit ihren senkrechten und waagerechten Varianten wurde für verschiedene Zwecke verändert und vervollkommnet. Es wurden zyklische, spiralenförmige und auch räumliche Darstellungen des Periodischen Systems entwickelt. Dabei ist aber zu betonen, daß sich die Kurzform der Tabelle am besten bewährt hat, die auch D. I. MENDELEJEW bei seinen Arbeiten bevorzugte und die er in seiner letzten Auflage der „Grundlagen der Chemie" (1906) veröffentlicht hat. Diese Kurzform hat selbstverständlich gewisse Ergänzungen und Veränderungen durch die Entwicklung der Wissenschaft erfahren, im Prinzip jedoch ist sie unwandelbar als ewiges Denkmal des genialen großen Gelehrten erhalten geblieben.

Im Laufe der neunzig Jahre des Bestehens des Periodischen Systems ist sein schöpferischer Inhalt nicht versiegt. Im Gegenteil, mit jedem Jahr ergeben sich neue praktische Anwendungen des Periodischen Gesetzes, erweitert sich seine Anwendung in der theoretischen Chemie. Das Periodische System, Gedankengut der Gelehrten der ganzen Welt, ist eine mächtige Waffe der Eroberer der Naturkräfte, und selbst die Nachkommen der heutigen Menschheit werden dankbar gedenken des großen Gelehrten DMITRI MENDELEJEW, der der Welt das Periodische Gesetz geschenkt hat.

Der Einfluß radioaktiver Beimengungen markierter Atome auf Reaktionsmechanismen

Die Methode der radioaktiven Indikatoren, die im Jahre 1913 von G. HEVESY und F. PANETH [1] entdeckt wurde, hat eine außerordentliche Verbreitung in den verschiedensten Gebieten der Naturwissenschaft und Technik gefunden. In der Chemie hat diese Methode eine besonders wichtige Rolle beim Studium der Eigenschaften und der Struktur der Komplexverbindungen, des Mechanismus verschiedenartiger chemischer Reaktionen sowie bei der Bestimmung der Bindungsfestigkeit zwischen den Atomen mittels Isotopenaustausch usw. gespielt. Die angewandten Beimengungen radioaktiver Indikatoren betragen gewöhnlich Bruchteile eines Mikrocuries pro 1 g des zu untersuchenden Stoffes. Das bedeutet, daß ein Zerfallsakt pro Sekunde unter 10^{18}—10^{20} stabilen Atomen vor sich geht. Allgemein nimmt man dabei an, daß bei einer radioaktiven Ausstrahlung von so geringer Intensität der markierte Stoff alle seine chemischen und physikalischen Eigenschaften beibehält.

Atomindustrie und angewandte Radiochemie haben es ermöglicht, im Laufe der letzten Jahre hochaktive Präparate von vielen verhältnismäßig schnell zerfallenden radioaktiven Elementen herzustellen. Es hat sich dabei erwiesen, daß sich durch die Ausstrahlung die Wertigkeit dieser Elemente leicht ändern kann und auch die Verbindungen in einigen Fällen zerfallen. So z. B. verwandelt sich das sechswertige Americium in Lösungen durch eigene Ausstrahlung verhältnismäßig schnell bis zum fünfwertigen und dann bis zum dreiwertigen [2]. Die Plutoniumoxalate lassen sich unter Einwirkung der α-Strahlung dieses Elementes in Carbonate und teilweise in Oxyde verwandeln. Das sechswertige Plutonium geht dabei ins vierwertige und das vierwertige ins dreiwertige über [3].

Die radioaktiven Isotope der stabilen Elemente werden z. Z. mit immer höherer spezifischer Aktivität, bisweilen sogar ohne Träger, dargestellt. Man mußte dabei mit einer gewissen Veränderung ihrer Eigenschaften durch die radioaktive Ausstrahlung im Vergleich zu gewöhnlichen Verbindungen des entsprechenden Elementes rechnen. Solche Erscheinungen werden sich offensichtlich bei einem genügend hohen Niveau der spezifischen Radioaktivität nachweisen lassen. Im vorliegenden Bericht wird diese Frage in Anwendung auf feste Präparate radioaktiver Stoffe untersucht.

Die radioaktiven Umwandlungen in einem Festkörper können zu verschiedenen Erscheinungen sowohl in dessen Innerem als auch auf dessen Oberfläche führen. Es ist bekannt, daß die radioaktiven Präparate elektrisch aufgeladen werden. Bei Einwirkung von Strahlung ist teilweise Ionisierung der Atome oder deren Übergang in einen angeregten Zustand zu erwarten. Die Rückstoßkerne können Defekte im Kristallgitter hervorrufen, können es auflockern und auf der Oberfläche des Festkörpers zusätzliche aktive Zentren bilden. Aus diesen Gründen kann die radioaktive Strahlung der Festkörper eine bedeutende Wirkung auf die heterogenen Prozesse, wie z. B. den Isotopenaustausch, die katalytische Aktivität u. a. ausüben.

Die Adsorption der reagierenden Moleküle auf der Oberfläche des Festkörpers und der weitere Atom- oder Molekülaustausch der Adsorptionsschicht mit dem flüssigen oder gasförmigen Mittel sollten zweifellos ebenfalls von den energetischen Strahlungseinwirkungen abhängen, die auf die Adsorptionsschicht und auf die an diese angrenzende Reaktionszone ausgeübt werden. Eine nicht mindere Einwirkung können auch die ständig entstehenden Defekte in der Kristallstruktur des Katalysators oder des Sorbentes ausüben.

Die von uns angeschnittenen Fragen sind in der Literatur fast gar nicht erörtert worden. Einige Verfasser haben die Einwirkung von γ-Strahlen und Neutronen auf feste Katalysatoren studiert. Die Wirkung von γ-Strahlen auf Zinkoxyd hat dessen katalytische Aktivität für die Äthylen-Hydrierung herabgesetzt [4]. Die Bestrahlung reinen Silicagels mit schnellen Neutronen hat dagegen die katalytische Aktivität bei der Reaktion der Hexen-Isomerisierung wesentlich gesteigert [5]. Analoge Resultate wurden bei γ-Bestrahlung eines Eisenkatalysators mit einer ^{60}Co-Quelle bei Gewinnung von Kohlenwasserstoffen aus Kohlenoxyd und Wasserstoff nach dem Fischer-Tropsch-Verfahren erhalten. Die Bestrahlungsdosis betrug ca. 60000 Röntgen pro Stunde. Der größte Effekt wurde bei kleinen Katalysatorteilchen erreicht; die Ausbeute der flüssigen Produkte nahm dabei bis zu 50% zu [6].

Über diese Arbeiten wurde auf dem „Zweiten Internationalen Kongreß über die Ausnutzung der Atomenergie für friedliche Zwecke" berichtet [7]. Eine Erklärung für die beobachtete Erscheinung konnte jedoch nicht gegeben werden.

Frühere Arbeiten über die Bestrahlung von Katalysatoren mit Röntgenstrahlen haben ebenfalls keine bestimmten Resultate ergeben [8]. So nahm die katalytische Aktivität des metallischen Platins z. B. bei der Oxydation des Schwefeldioxydes nach Bestrahlung zu [9], auf die Geschwindigkeit der Wasserstoffoxydation hat die Bestrahlung dagegen keine Wirkung ausgeübt [10]. Bei den Metallen Nickel und Platin, die mit positiven Argon-Ionen bombardiert wurden, nahm die katalytische Aktivität bei der Äthylenhydrierung ebenfalls zu. Die durch Ionenbombardement entstandenen Defekte an der Katalysatorenoberfläche konnten fast vollständig durch Glühen beseitigt werden [11]. Analoge Ergebnisse erzielte man bei katalytischer Zerlegung der Ameisensäure auf der Oberfläche von metallischem Kupfer. Eine vorherige Bestrahlung des Katalysators mit Protonen einer Energie von 35 Millionen Elektronen-Volt hat die Aktivierungsenergie des Prozesses auf die Hälfte reduziert [12].

Ferner wurde berichtet, daß durch Einwirkung von γ-Strahlen auf γ-Aluminiumoxyd dessen katalytische Aktivität hinsichtlich des Isotopenaustausches zwischen Wasserstoff und Deuterium bei einer Temperatur von —78°C gesteigert wird. Bei Zimmertemperatur verschwindet jedoch die erhöhte Aktivität in 2 bis 4 Tagen [13]. Mit γ-Strahlen während einer Dauer von 5 Tagen bestrahlter Kohlenstoff bei einer Dosis von 250 Megaröntgen pro Stunde zeigte bei derselben Reaktion keine Aktivitätssteigerung [14].

Die Austauschkapazität der Ionenaustauscher wird durch γ-Strahlen und andere ionisierende Strahlungen verringert [15], [16].

Bei allen oben zitierten Arbeiten wurde der Einfluß einer äußeren Bestrahlung auf Festkörper-Katalysatoren oder Sorbentien studiert. Der Verfasser und seine Mitarbeiter haben die Einwirkung der radioaktiven Eigenstrahlung der Festkörper auf die Erscheinungen des Isotopenaustausches, der Adsorption und anderer Prozesse in heterogenen Systemen studiert [17].

V. I. Spicin und I. E. Michailenko [18] haben die Wirkung der Intensität von β-Strahlen des Schwefels-35 auf den Grad des Isotopenaustausches des Schwefels zwischen festem, mit ^{35}S markiertem Kaliumsulfat und gasförmigem Schwefelsäureanhydrid untersucht. Der Austausch fand unter gleichen Bedingungen bei 840°C mit K_2SO_4-Präparaten unterschiedlicher spezifischer Aktivität statt. Das Ausgangs-Kaliumsulfat war chemisch rein.

Das Schema der Apparatur ist in Abb. 1 dargestellt. Der Kolben (1), der Kühler (2), das Meßröhrchen (4) mit Schliff und gasleitenden Röhren sowie die Waschflaschen (7), (8) und (9) waren aus Molybdänglas, das Rohr (6) und das Schiffchen aus Quarzglas gefertigt. Der Kolben wurde mit 60%igem, chemisch reinem Oleum beschickt und das SO_3 bei einer Temperatur von 60—70°C destilliert. Über den Kühler und den Dreiweghahn (3), bei verschlossenem Zweiweghahn (5), gelangte das Schwefelsäureanhydrid in das Meßröhrchen (4) mit 0,05 cm^3 Maßeinteilung. Die gemessene Menge SO_3 wurde verdampft, mit der durch den Hahn (3) zugeführten, sorgfältig getrockneten Luft vermischt und durch den Hahn (5) in den Reaktionsraum des Quarzrohres (6) geführt, in welchem sich das Quarzschiffchen mit einer bestimmten Menge radioaktiven Kaliumsulfates befand, und schließlich in den Waschflaschen mit konzentrierter H_2SO_4 (7) und 0,1 N NaOH-Lösung (8) und (9) aufgefangen. Vor und nach jedem Experiment wurde die Apparatur mit trockener Luft gewaschen. Die Temperatur des Ofens (10) wurde mit einem Pyrometer (11) (Platin-Platin-Rhodium-Thermopaar) gemessen. Die Temperatur-Konstanz betrug ± 5°C. Ausgegangen wurde von 0,3 bis 0,4 g Sulfat und 0,3 cm^3 bzw. 0,58 g SO_3. Die Strömungs-

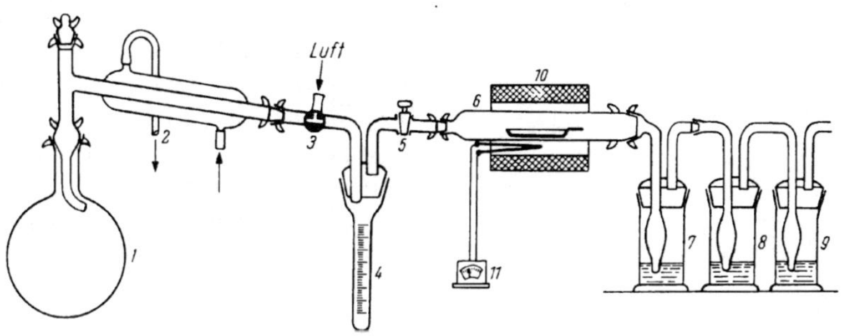

Abb. 1. Schema des Gerätes für den Isotopenaustausch von Schwefel im System $K_2\overset{*}{S}O_4$—SO_3

geschwindigkeit der trockenen Luft, die das Schwefelsäureanhydrid mitriß, erreichte 37 l/h. Das SO_3 wurde stets 10 Minuten lang über das K_2SO_4-Präparat geleitet, das Kaliumsulfat befand sich 20 Minuten lang in der erhitzten Zone des Ofens. Die gewählten Versuchsbedingungen (Temperatur 840°C, Partialdruck des SO_3 19,9 mm) haben, wie schon früher festgestellt [19], die Bildung von wägbaren Mengen Pyrosulfat verhindert. Der Schmelzpunkt des Kaliumsulfats wurde nicht erreicht, und es erlitt keine thermische Dissoziation.

Auch eine andere Geräte-Konstruktion wurde untersucht; das Kaliumsulfat wurde in einem Reagenzglas mit perforiertem Boden vorgelegt und mit einem Schliff an das Arbeitsrohr angeschlossen. Das Schwefeltrioxyd-Luft-Gemisch passierte hierbei die Pulverschicht, die stark zerstäubt wurde, weil die lineare Geschwindigkeit des Gasgemisches infolge der bereits genannten Gründe bedeutend war. Deshalb wurde die Untersuchung nach dem erstgenannten Verfahren, bei dem das SO_3 über die Oberfläche von K_2SO_4 bei deren maximaler Konstanz geleitet wurde, diesen Versuchsbedingungen vorgezogen.

Die mit Schwefel markierten K_2SO_4-Präparate wurden durch Zugabe kleiner Mengen hochaktiven Natriumsulfates in Lösung zubereitet, da diese Verbindung üblicherweise markiert geliefert wird. Die radiochemische Reinheit des Natriumsulfates wurde durch Bestimmung der maximalen Strahlungsenergie mittels Adsorption in Aluminium und durch Bestimmung der Halbwertszeit gemessen. Beimischungen anderer Radioisotope wurden nicht festgestellt. Der Träger des ^{35}S, stabiles Natriumsulfat, war chemisch rein.

Die Lösungen von K_2SO_4 mit $Na_2\overset{*}{S}O_4$ wurden zur Trockne eingedampft und bei 800°C geglüht. Um gleiche Oberflächen der K_2SO_4-Proben zu erhalten, wurden die sorgfältig zerkleinerten Präparate mit Spezialsieben gesichtet. Die Teilchengröße schwankte zwischen 0,17 und 0,10 mm.

Nach Beendigung des Experimentes wurde das aktive Sulfat in einem Meßkolben aufgelöst und ein bestimmtes Volumen auf Filtrierpapier in einem Aluminiumschälchen verdunstet. Die Aktivität der Probe wurde unter gleichen geometrischen Bedingungen relativ zum Zähler gemessen. Die Lösungen der hochaktiven Präparate wurden so verdünnt, daß die Impulszahl ungefähr gleich groß war (1500 bis 2000 Imp./Min.). Mit jedem Präparat verschiedener spezifischer Aktivität wurden 4 bis 6 Experimente zum Isotopenaustausch durchgeführt. Die Reproduzierbarkeit der Ergebnisse wird durch folgende Angaben, die sich auf eine Experimentenserie beziehen, illustriert (Präparat Nr. 6, Tabelle 2):

Nr. des Versuchs	1	2	3	4	5
Austauschgrad in %	34,9	33,4	33,8	34,5	29,8
Durchschnittsgröße			33,3 ± 4		

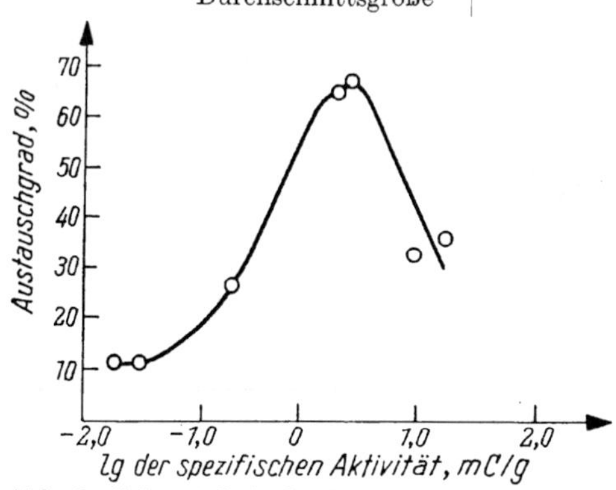

Abb. 2. Abhängigkeit des Isotopenaustauschgrades von Schwefel von der spezifischen Aktivität des $K_2\overset{*}{S}O_4$

Tab. 1 zeigt die Veränderung der Aktivität des Kaliumsulfates beim Austausch mit SO_3. Die durchschnittlichen Ergebnisse des Isotopenaustausches sind aus Tabelle 2 und Abb. 2 ersichtlich.

Der Austauschgrad wurde nach der Formel

$$W = (A_0 - A_1)\frac{1}{B}$$

errechnet.

W bedeutet den Austauschgrad in %, A_0 die Aktivität des Ausgangssalzes (angenommen für 100%), A_1 die Aktivität des Reaktionsproduktes in % von der Aktivität der Ausgangsverbindung, $B = \frac{N_1}{N_1 + N_2}$. N_1 ist die Atomkonzentration des zu untersuchenden Elementes (Schwefel) im durchströmenden SO_3, N_2 die Atomkonzentration des Schwefels im radioaktiven Präparat.

Tabelle 1

Beispiele der Aktivitätsänderung des Kaliumsulfates bei Isotopenaustausch-Versuchen mit SO_3

Temperatur 840°C, 0,58 g SO_3

Präparat	Gewicht des K_2SO_4 g	Gewicht des K_2SO_4 nach dem Versuch g	Gewichtsänderung g	Gewichtsänderung %	Ausgangs-aktivität Imp./Min.	Aktivität nach dem Versuch Imp./Min.	Aktivität nach dem Versuch % d. Ausgangs-aktivität	Aus-tausch-grad %
1	0,3362	0,3362	—	—	$2154 \cdot 10^2$	$1942 \cdot 10^2$	89,8	11,7
2	0,4034	0,4039	+0,0005	+0,1	$4625 \cdot 10^2$	$4160 \cdot 10^2$	90,0	12,0
3	0,3780	0,3785	+0,0005	+0,1	$4713 \cdot 10^3$	$3719 \cdot 10^3$	78,9	27,5
4	0,3756	0,3761	+0,0005	+0,1	$2726 \cdot 10^4$	$1344 \cdot 10^4$	49,3	65,9
5	0,3129	0,3129	—	—	$2514 \cdot 10^4$	$1187 \cdot 10^4$	47,2	66,1
6	0,3512	0,3512	—	—	$9897 \cdot 10^4$	$7310 \cdot 10^4$	73,9	33,4
7	0,3563	0,3561	—0,0002	—0,1	$1669 \cdot 10^5$	$1212 \cdot 10^5$	72,4	35,4

Tabelle 2
Isotopenaustausch von Schwefel zwischen Kaliumsulfat und SO_3 bei 840°C

Präparat	Eingeführte Beimischung an Na_2SO_4 %	Beobachtete spezifische Aktivität Imp./Min. g	Absolute Aktivität mC/g	Zahl der Versuche	Austauschgrad %
1	0,04	$6{,}44 \cdot 10^5$	0,017	5	11,7
2	0,1	$9{,}37 \cdot 10^5$	0,026	6	11,5
3	0,1	$12{,}5 \cdot 10^6$	0,35	4	26,7
4	0,4	$72{,}6 \cdot 10^6$	2,0	5	65,5
5	0,4	$80{,}4 \cdot 10^6$	2,3	5	66,9
6	2,6	$28{,}2 \cdot 10^7$	7,8	5	33,3
7	3,0	$58{,}5 \cdot 10^7$	16,2	4	36,6

Aus den angeführten Resultaten folgt, daß die Geschwindigkeit des Isotopenaustausches bei der spezifischen Radioaktivität des K_2SO_4 ungefähr von 0,02 bis 0,03 mC/g praktisch konstant ist und der Austauschgrad etwa 12% beträgt. Bei einer Aktivität des Kaliumsulfates von 0,35 mC/g erreicht der Austauschgrad 26,7%. Das Maximum des Austauschgrades von 66 bis 67% wird bei der spezifischen Aktivität von ca. 2 mC/g beobachtet. Weitere Zunahme der spezifischen Aktivität des Kaliumsulfates von 8 bis 16 mC/g führt zur Verringerung des Austauschgrades bis auf 33—37%. Das Gebiet der höheren spezifischen Aktivitäten haben wir noch nicht erforscht.

Eine Erscheinung, die der oben beschriebenen ähnelt, haben S. Gordon und E. Hart [20] beobachtet: γ-Bestrahlung einer Lösung gasförmigen Deuteriums in leichtem Wasser mit Kobalt-60 führt zum Isotopenaustausch zwischen Deuterium und Protium, der ansonsten ohne merkliche Geschwindigkeit vor sich geht. Die Verfasser sind aber der Meinung, daß der Austausch in dem untersuchten System durch die Produkte der Wasserradiolyse zustandekommt.

Wir haben keine strahlenchemische Zerlegung des Kaliumsulfates beobachtet, die z. B. von SO_2-Abspaltung und entsprechender Aktivitätserniedrigung begleitet worden wäre. Glühen des aktiven Präparats K_2SO_4 im Luftstrom unter denselben Bedingungen wie bei den Austausch-Versuchen mit SO_3 hat keine Gewichts- und Aktivitätsveränderungen an S^{35} zur Folge:

Ausgangsaktivität des untersuchten K_2SO_4	Aktivität nach dem Glühen
Imp./Min.	Imp./Min.
$1440 \cdot 10^5$	$1439 \cdot 10^5$
$1186 \cdot 10^5$	$1186 \cdot 10^5$

K_2SO_4-Präparate mit einem Gehalt an ^{35}S beginnen sich bei einer spezifischen Aktivität von über 1 mC/g violett zu färben. Bei einer Aktivität von 20 mC/g wird die Färbung dunkelviolett. Bei Zerfall von ^{35}S und Aktivitätsabnahme wird diese Färbung wieder schwächer. Kaliumsulfat mit der spezifischen Ausgangsaktivität von 16,2 mC/g entfärbte sich nach 270 Tagen fast völlig. Glühen bei 800°C an der Luft führt ebenfalls zur Entfärbung. Die hochaktiven Proben des K_2SO_4 nehmen jedoch ihre Färbung in einigen Stunden von neuem wieder an.

Offensichtlich hängt die erwähnte Erscheinung, wie bei der Glasfärbung durch Bestrahlung, von der Atomverschiebung im Kristallgitter und der Verletzung der normalen Elektronenverteilung im Kaliumsulfat ab.

Der angewandte Zusatz von Natriumsulfat (als Träger für ^{35}S) übte bei unseren Versuchen keinen Einfluß auf die Geschwindigkeit des Isotopenaustausches von Schwefel im Kaliumsulfat aus. Das Präparat K_2SO_4 mit der spezifischen Aktivität $1{,}7 \cdot 10^{-2}$ mC/g und mit 0,4% Na_2SO_4-Gehalt ergab einen Isotopenaustauschgrad von 11,9%, was praktisch dem Austauschgrad derselben spezifischen Aktivität (Präparat Nr. 1, Tabelle 2), aber einem wesentlich kleineren Gehalt an Na_2SO_4 (0,04%) entspricht.

Als Produkt des radioaktiven Zerfalls von ^{35}S entsteht ^{35}Cl. Man konnte annehmen, daß dieses Element, auch in geringen Mengen, eine katalytische Wirkung auf den Isotopenaustauschprozeß von Schwefel im System $K_2\overset{*}{S}O_4$—SO_3 ausübt. Wir haben aber beobachtet, daß nach Einführung von 0,1% KCl in das Präparat K_2SO_4 mit der spezifischen Aktivität 0,027 mC/g der ermittelte Austauschgrad mit SO_3 11,6% betrug, also ebenso groß war wie für die Probe K_2SO_4 ohne Zusatz von KCl (vgl. Präparat Nr. 2, Tabelle 2). Folglich wird die Frage über die katalytische Wirkung des Chlors auf den von uns studierten Isotopenaustauschprozeß gegenstandslos.

Es bleibt uns nur übrig anzunehmen, daß die vom Schwefel-35 ausgestrahlten β-Teilchen bei genügender Intensität die Anregung der Ionen des Kristallgitters des K_2SO_4, insbesondere der SO_4^{2-}-Ionen hervorrufen, was zum Isotopenaustausch beiträgt. Eine noch wichtigere Rolle spielen vielleicht die Defekte im Kristallgitter, die dort entstehen, wo radioaktiver Zerfall stattfindet. Jedenfalls ist die Anzahl der Schwefelatome beim Isotopenaustausch 10^{14}-mal größer als die Anzahl der beobachteten radioaktiven Umwandlungen. Hieraus ergibt sich die Annahme der Entstehung einer großen Anzahl aktiver Zentren auf der Oberfläche und im Inneren des Festkörpers durch radioaktive Einwirkung.

Die genannten Veränderungen im Kristallgitter des Kaliumsulfats bleiben lange Zeit erhalten. Bei radioaktiven Kaliumsulfatpräparaten, die bis zu einer wesentlichen Abnahme ihrer Aktivität gelagert wurden, konnte festgestellt werden, daß die Isotopenaustauschgeschwindigkeit mit SO_3 nicht abgenommen, sondern zugenommen hat:

Präparat K_2SO_4 (Tab. 2)	Lagerzeit in Tagen	Spezifische Aktivität mC/g		Austauschgrad des Schwefels in %	
		vor dem Lagern	nach dem Lagern	vor dem Lagern	nach dem Lagern
4	93	2,0	0,85	65,5	69,4
7	270	16,2	1,9	36,6	78,0

Die Zunahme der Austauschgeschwindigkeit war um so größer, je höher die Ausgangsaktivität des Präparates und je länger dessen Lagerzeit war.

Die Röntgenuntersuchung jedoch hat keine merklichen Veränderungen in der Kristallstruktur des Kaliumsulfats, in dem der Zerfall von ^{35}S lange Zeit vor sich ging, im Vergleich zu gewöhnlichen K_2SO_4-Präparaten gezeigt.

Die Ursache des Austauschgrad-Maximums des Kaliumsulfats bei der spezifischen Aktivität von ca. 2 mC/g ist noch nicht geklärt. Vielleicht tritt bei einer zu intensiven radioaktiven Strahlung auf der Oberfläche des festen Kaliumsulfates sehr schnell eine elektrische Ladung auf, welche die Adsorption der SO_3-Moleküle aus der Gasphase und demzufolge den Austauschprozeß hindert, bzw. es beginnt unter Strahlungseinwirkung die Ionisierung der SO_3-Moleküle, was analoge Folgen hervorruft.

Beim Studium der Aktivierungsenergie des Isotopenaustausches für das System $Na_2\overset{*}{S}O_4$—SO_3 hat sich herausgestellt, daß sich diese bei Steigerung der spezifischen Aktivität des Präparates Na_2SO_4 von 0,019 bis 1,02 mC/g etwas verringert, und zwar um 1—2 kcal/Mol.

Für zwei Präparate wurde an vier Punkten des Temperaturbereiches von 700 bis 840°C die Geschwindigkeit des Isotopenaustausches gemessen. Die Reaktionskonstante ergab sich aus der Gleichung $\ln \frac{100}{100-W} = Kt$; t war dabei in allen Fällen konstant (10 Minuten). Die scheinbare Aktivierungsenergie wurde nach der ARRHENIUS-Gleichung aus dem Diagramm

$$\ln (K \cdot 10^2) - \frac{1}{T} \cdot 10^4$$

ermittelt (Abb. 3.).

V. I. SPICIN und W. G. FINIKOW haben ein anderes System des heterogenen Isotopenaustausches unter radioaktiver Strahlung studiert. Wie schon früher gezeigt [21], geht bei hoher Temperatur der Isotopenaustausch zwischen freiem Sauerstoff und Sulfaten der Alkali-Elemente vor sich. Bei unseren Versuchen wurde das Natriumsulfat mit ^{35}S auf

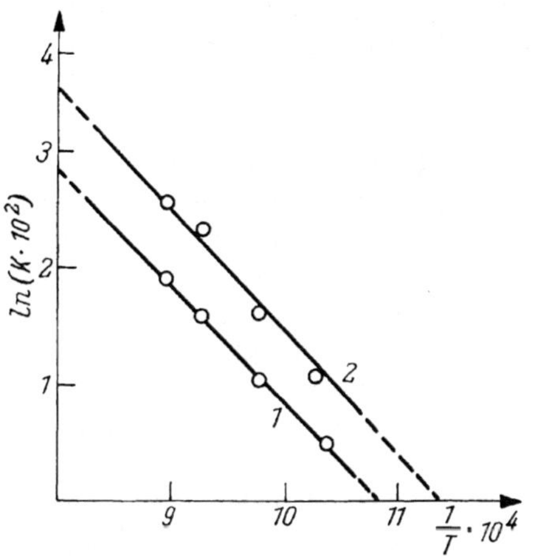

Abb. 3. Aktivierungsenergie beim Isotopenaustausch von Schwefel im System $Na_2\overset{*}{S}O_4$—SO_3
1. spezifische Aktivität 0,019 mC/g, $E_1 = 24$ kcal/Mol;
2. spezifische Aktivität 1,02 mC/g, $E_2 = 23$ kcal/Mol

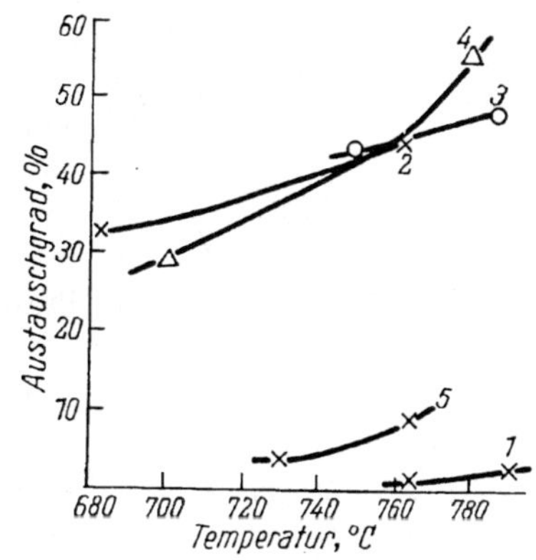

Abb. 4. Einwirkung der spezifischen Aktivität des Natriumsulfates auf den Isotopenaustauschgrad von Sauerstoff im System $Na_2\overset{*}{S}O_4$—O_2
1. nichtaktives Präparat; 2. 1,25 mC/g; 3. 1,5 mC/g; 4. 1,6 mC/g; 5. 1,9 mC/g

eine spezifische Aktivität von 1,25; 1,5; 1,6 und 1,9 mC/g gebracht. Die Menge gasförmigen Sauerstoffs betrug 1,3—2,2 at.% O^{18}. Den Isotopenaustausch des Sauerstoffs studierten wir mit einer dynamischen Methode im Temperaturbereich von 680—790°C und kontrollierten ihn mit einem Massen-Spektrometer. Der Austauschgrad wurde nach 8 Stunden bestimmt, die Versuchsbedingungen waren den in der zitierten Arbeit beschriebenen analog.

Wie aus den experimentellen Ergebnissen folgt, nimmt der Austauschgrad bei einer Aktivität des Na_2SO_4 von 1,25 mC/g im Vergleich zu dem nichtaktiven Präparat stark zu. Bei den spezifischen Aktivitäten von 1,25 bis 1,6 mC/gliegen die Austauschgrade sehr nahe beieinander. Eine Steigerung der spezifischen Aktivität des Na_2SO_4 auf 1,9 mC/g setzt die Austauschgeschwindigkeit wieder herab (Abb. 4).

In den erwähnten Versuchen war es schwierig, eine Einheitlichkeit in der Kristallgröße bei den angewandten Präparaten des Natriumsulfates zu wahren. Andererseits aber erlaubt die angewandte Methodik, die Kinetik der Prozesse sehr genau zu messen. Aus diesem Grunde bestimmten wir für den untersuchten Temperaturbereich die Aktivierungsenergie der entsprechenden Austauschreaktionen (Abb. 5).

Man kann schließen, daß bei einer spezifischen Aktivität des Na_2SO_4 von 1,25 mC/g die Aktivierungsenergie auf 12 kcal/Mol, d. h. um das 4,5-fache im Vergleich zu dem nichtaktiven Präparat herabgesetzt wird. Weitere Steigerung der spezifischen Aktivität auf 1,5—1,6 mC/g führt zu einer Zunahme der Aktivierungsenergie bis zu 28—30 kcal/Mol., und bei einer spezifischen Aktivität des Na_2SO_4 von 1,9 mC/g steigt sie auf 85 kcal/Mol.

Die Einwirkung der radioaktiven Strahlung auf die Geschwindigkeit des Isotopenaustauschprozesses ist hier der Einwirkung analog, die im System $K_2\overset{*}{S}O_4$—SO_3 beobachtet wurde und wird offensichtlich von denselben Ursachen ausgelöst. Die bedeutende Veränderung der Aktivierungsenergie des Prozesses erfordert jedoch weitere experimentelle Untersuchungen.

Es erschien uns interessant, die Einwirkung der spezifischen Aktivität der festen Phase auf Adsorptionsprozesse aus flüssigen oder gasförmigen Medien direkt zu prüfen. V. I. SPICIN und W. W. GROMOW [22] haben als Sorbent das schon früher gut erforschte Bariumsulfat [23, 24, 25] verwendet. Untersucht wurde die Adsorption des Säureoranges (Orange AT2B), $(C_{16}H_{11}O_4N_2S)Na$ und die der zwei basischen Farbstoffe Methylenblau $(C_{16}H_{18}N_3S)Cl$ und Brilliantgrün $(C_{27}H_{33}N_2)Cl$ aus wäßriger Lösung am Bariumsulfat. Als Quelle der radioaktiven Strahlung diente auch hier Schwefel-35, der in das Bariumsulfat während der Fällung eingeführt wurde. Als radioaktiver Strahler weist Schwefel-35 für die Adsorptionsexperimente eine Reihe von Vorteilen auf, und zwar: Man kann mit Präparaten hoher spezifischer Aktivität bei minimalem Schutz arbeiten; die Strahlung wird fast vollständig vom $BaSO_4$-Niederschlag absorbiert; außerdem kann man die Einwirkung auf die flüssige Phase vernachlässigen, da die Löslichkeit des $BaSO_4$ sehr klein und die Menge des gelösten radioaktiven Schwefels gering ist.

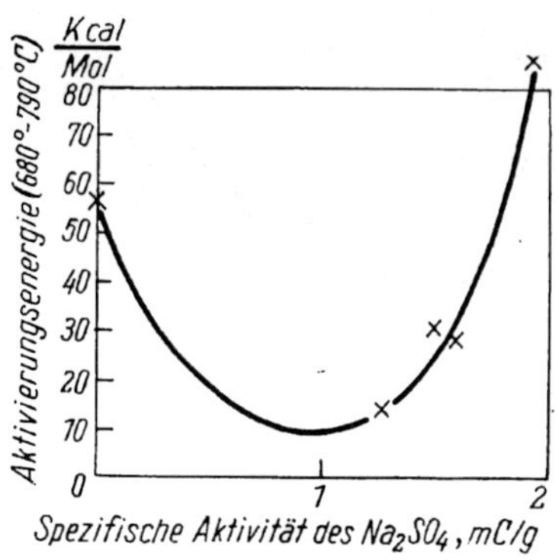

Abb. 5. Abhängigkeit der Aktivierungsenergie beim Sauerstoffaustausch im System $Na_2\overset{*}{S}O_4$— O_2 von der spezifischen Aktivität des Natriumsulfates

Die $BaSO_4$-Präparate wurden nach KOLTHOFF [24] und RUTGERS [25] vorbereitet. Je 200 cm³ warme 0,1 N Lösungen von $BaCl_2$ und Na_2SO_4 mit einer bestimmten Menge Schwefel-35 wurden mit gleicher Geschwindigkeit innerhalb von 30 Minuten zusammengegossen, im Laufe 1 Stunde auf 70—80°C erwärmt und vermischt. Nach 16-stündigem Absetzen der Niederschläge in der Mutterlösung wurden die Ionen Na^+, Cl^- und Ba^{2+} ausgewaschen, da das Bariumsalz im Überschuß zugegeben wurde, damit in der Lösung möglichst wenig radioaktive SO_4^{2-}-Ionen verblieben.

Zuletzt wurden die Niederschläge zweimal mit Äthylalkohol gewaschen und bei einer Temperatur von 80—100°C bis zur Gewichtskonstanz getrocknet. Die Charakteristik der Niederschläge ist in Tabelle 3 angeführt.

Tabelle 3
Charakteristik
der angewandten $BaSO_4$-Niederschläge

Nr. des Präparates	Spezifische Oberfläche m²/g	Spezifische Aktivität mC/g
1	0,74	0
2	0,68	0,01
3	0,68	0,1
4	0,78	1
5	0,76	4
6	0,78	10

Die spezifische Oberfläche der $BaSO_4$-Niederschläge wurde visuell-mikroskopisch (Vergrößerung 1350 mal) bestimmt; die Ergebnisse stimmen gut mit den von RUTGERS [25] nach

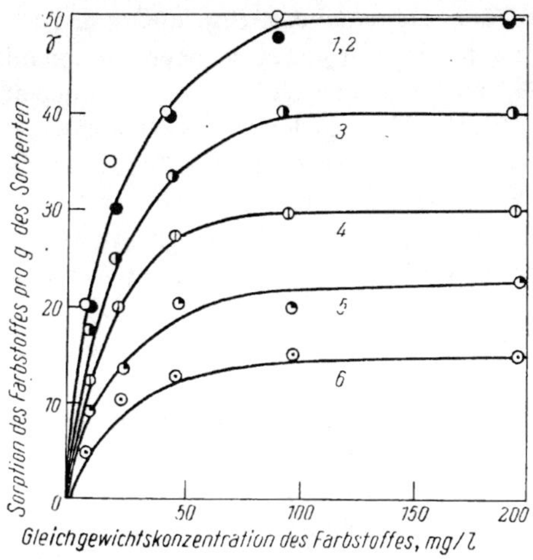

Abb. 6. Sorption des Methylenblaus an $BaSO_4$-Niederschlägen verschiedener spezifischer Aktivität (an ^{35}S)
1. nichtaktiver Niederschlag (○); 2. 0,01 mC/g (●); 3. 0,1 mC/g; 4. 1 mC/g; 5. 4 mC/g; 6. 10 mC/g

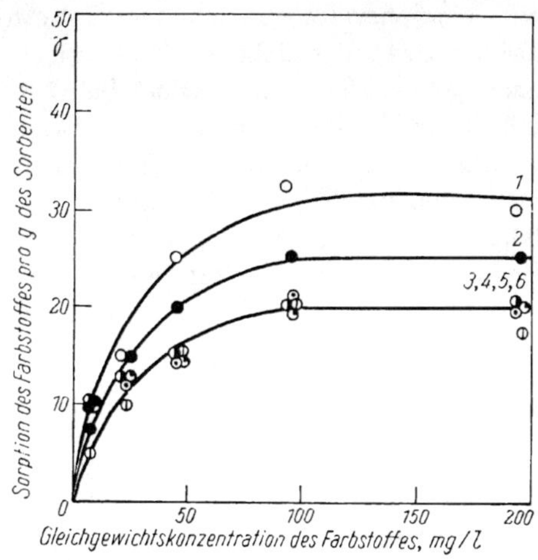

Abb. 7. Sorption des Brilliantgrüns an $BaSO_4$-Niederschlägen verschiedener spezifischer Aktivität (an ^{35}S)
1. nichtaktiver Niederschlag; 2. 0,01 mC/g; 3. 0,1 mC/g (◑); 4. 1 mC/g (⦶); 5. 4 mC/g (◔); 6. 10 mC/g (⊙)

demselben Verfahren und mit den elektronen-mikroskopisch sowie beim Studium der Adsorption verschiedener Farbstoffe am Niederschlag ermittelten Angaben [24, 25] überein.

Die Methodik der Versuche war folgende: 3 g Niederschlag wurden bei 25°C ± 0,5°C 4 Stunden lang mit 15 cm³ Farbstofflösung entsprechender Konzentration geschüttelt und danach der Farbstoffgehalt in der flüssigen Phase mit den Spektrophotometern CΦ-4 oder CΦ-2M bestimmt. Bei letzterem konnte im Maximum der Lichtabsorption gearbeitet werden. Der Meßfehler lag im Bereich von 3 bis 4%. Die in Vorversuchen bestimmte, für die Einstellung des Gleichgewichtes zwischen der festen und flüssigen Phase notwendige Zeit betrug ca. 1 Stunde. Die Konzentration des Farbstoffes lag im Bereich von 10 bis 250 mg/l. Die p_H-Werte waren für Säureorange 5,5—5,8; für Methylenblau 6,2—6,9; für Brilliantgrün 3,9—4,6.

Die Ergebnisse zeigen die Abbildungen 6, 7 und 8. Alle Angaben wurden aus drei Parallelversuchen ermittelt, die Abweichung vom Durchschnittswert überstieg nicht 5%.

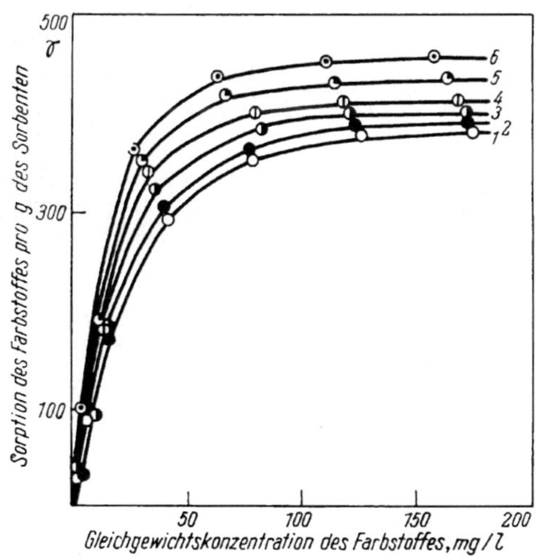

Abb. 8. Sorption des Säureoranges an $BaSO_4$-Niederschlägen verschiedener spezifischer Aktivität (an ^{35}S)
1. nichtaktiver Niederschlag; 2. 0,01 mC/g; 3. 0,1 mC/g; 4. 1 mC/g; 5. 4 mC/g; 6. 10 mC/g

Der Farbstoff Säureorange wird am stärksten vom $BaSO_4$-Niederschlag adsorbiert, die Sorption ist um eine Größenordnung stärker als bei den anderen untersuchten Farbstoffen. Methylenblau wird etwas mehr sorbiert als Brilliantgrün.

Die Sorptionsfähigkeit beider basischer Farbstoffe nimmt mit ansteigender spezifischer Aktivität des Bariumsulfates ab. Der Niederschlag mit einer Aktivität von 10 mC/g hat ein Sorptionsvermögen von 15 γ/g Methylenblau (der nichtaktive 50 γ/g) und von 20γ/g Brilliantgrün (der nichtaktive 30 γ/g). Die Sorption des Säureoranges dagegen nimmt mit ansteigender Radioaktivität des $BaSO_4$-Präparates zu, und zwar beträgt das Sorptionsvermögen des Niederschlages bei einer Aktivität von 10 mC/g 455γ/g (der nichtaktive 380γ/g).

In Abb. 9 ist die Abhängigkeit der Sorptionswerte von der spezifischen Aktivität des $BaSO_4$ dargestellt. Für Methylenblau hängt das Sorptionsvermögen im Aktivitätsbereich 0,01 bis 10 mC/g vom Logarithmus der spezifischen Aktivität des $BaSO_4$ linear ab, für Brilliantgrün wird eine scharfe Abnahme der Sorptionsfähigkeit im Intervall der Aktivität 0,01 bis 0,1 mC/g beobachtet. Weitere Steigerung der spezifischen Radioaktivität des Niederschlages bis 10 mC/g ruft keine wesentliche Abnahme des Sorptionsvermögens hervor.

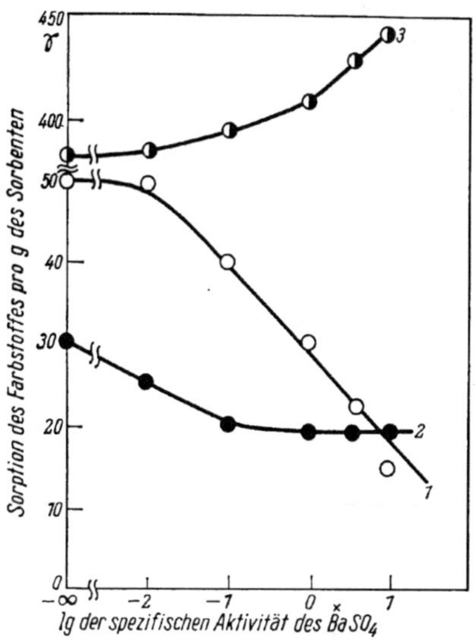

Abb. 9. Einwirkung der Aktivität des $BaSO_4$ auf die Sorption der Farbstoffe
1. Methylenblau; 2. Brilliantgrün; 3. Säureorange

Es blieb zu untersuchen, ob die gemessene Adsorptionsabnahme der basischen Farbstoffe ansteigender Radioaktivität des Sorbenten scheinbar ist, d. h. ob sie etwa von der Entfärbung der Farbstoffe unter Einwirkung von Strahlung abhängt. Um diese Frage zu prüfen, wurde zur Farbstofflösung markiertes Natriumsulfat zugegeben, dessen ^{35}S-Aktivität den ^{35}S-Gehalt in der flüssigen Phase über dem $BaSO_4$-Niederschlag um das 10-, 100- oder 500-fache überstieg. Die in bestimmten Zeitabständen spektralphotometrisch gemessene Farbstoffkonzentration zeigte, daß die Farbstoffe, einer β-Strahlung des ^{35}S 40 bis 50 Stunden ausgesetzt, selbst bei einer ^{35}S-Konzentration bis zu 8 mC/g stabil sind. Die genannte Konzentration des Schwefels-35 übersteigt beträchtlich dessen Gehalt in den untersuchten Gleichgewichtslösungen.

Außerdem wurden die Gleichgewichtslösungen der Farbstoffe über den $BaSO_4$-Niederschlägen mit einer spezifischen Aktivität von 10 mC/g nicht wie gewöhnlich 4, sondern 16 bzw. 82 Stunden lang geschüttelt. Auch hierbei treten keine weiteren Veränderungen in der Farbstoffkonzentration auf. Folglich kann man bei unseren Versuchen die Sorptionsänderung der Farbstoffe durch Bariumsulfat-Niederschläge verschiedener spezifischer Aktivität nicht auf den Farbstoffzerfall unter Strahlungseinwirkung des ^{35}S zurückführen.

Offensichtlich fanden in der flüssigen Phase auch keine merklichen chemischen oder strahlenchemischen Reaktionen statt, die die Stabilität der Farbstoffe oder den Adsorptionsgrad hätten beeinflussen können. Diese Tatsache wird auch dadurch bekräftigt, daß die p_H-Werte der Gleichgewichtslösungen sich in den Grenzen des Meßfehlers im Vergleich zu den Ausgangslösungen der Farbstoffe nicht veränderten.

Man kann annehmen, daß die Änderungen in der Farbstoffsorption mit der positiven Aufladung des radioaktiven Bariumsulfatniederschlages infolge ununterbrochener Ausstrahlung negativer β-Teilchen zusammenhängen. Augenscheinlich nimmt die Intensität dieser Ladung mit Steigerung der spezifischen Aktivität im Niederschlag zu. Ein basischer Farbstoff mit einem gefärbten Kation muß also auf dem radioaktiven Sorbenten, der ein β-Strahler ist, schlechter und ein saurer Farbstoff mit einem gefärbten Anion besser sorbiert werden als auf dem nichtradioaktiven Sorbenten, was die oben beschriebenen Versuche bestätigen.

Bei Anwendung eines radioaktiven Isotopes, welches positiv geladene Teilchen ausstrahlt, mußten wir mit gegenteiligen Resultaten rechnen. Zur Bekräftigung dieser Annahme wurde dem Bariumsulfatniederschlag bei seiner Zubereitung $3 \cdot 10^{-7}$ mC/g Radium zugegeben. Tatsächlich veränderten die ausgestrahlten α-Teilchen bereits bei einer solch geringen Aktivität das Adsorptionsbild der Farbstoffe [26]: Orangerot beginnt schwächer zu sorbieren als bei einem nichtradioaktiven Präparat und die Adsorption des Methylenblaus nimmt sogar merklich zu. Die Untersuchung hat gezeigt, daß sich unter diesen Versuchsbedingungen eine Entfärbung der Farbstoffe durch direkte Einwirkung der α-Strahlen nicht beobachten läßt.

In den Abb. 10 und 11 sind die Resultate sowie Angaben über zwei zusätzliche Versuchsserien zur Adsorption der untersuchten Farbstoffe auf dem Niederschlag mit Beimengungen von radioaktivem Schwefel zum Vergleich angegeben.

Aus den Ergebnissen folgt, daß sich die theoretische Auslegung des Mechanismus der Einwirkung radioaktiver Festkörper auf ihre Sorptionseigenschaften mit den experimentellen Ergebnissen deckt. Man kann annehmen, daß ein Festkörper, der β-Teilchen ausstrahlt, auf seiner Oberfläche viele positiv geladene aktive Zentren bildet. Bei Emission positiv geladener Teilchen entstehen negativ geladene aktive Zentren.

Diese neuen Resultate über den Einfluß radioaktiver Strahlung auf physikalisch-chemische Eigenschaften der Festkörper haben eine analoge Einwirkung auch auf die katalytischen Prozesse bestätigt.

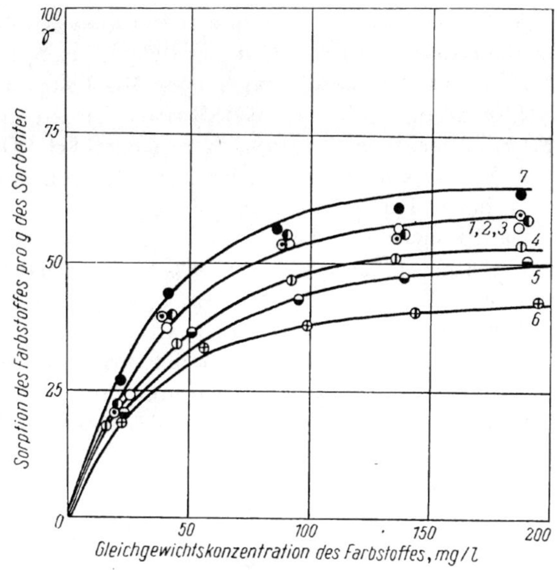

Abb. 10. Sorption des Methylenblaus an $BaSO_4$-Niederschlägen mit ^{35}S bzw. Ra

1. nichtaktiver Niederschlag (○); Niederschläge mit ^{35}S: 2. 0,01 mC/g (⊙); 3. 0,1 mC/g (◑); 4. 1 mC/g; 5. 4 mC/g; 6. 10 mC/g; 7. Niederschlag mit Ra, $3 \cdot 10^{-7}$ mC/g

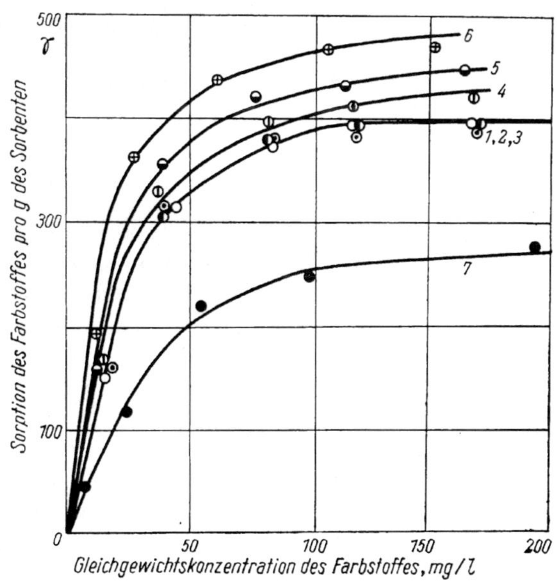

Abb. 11. Sorption des Säureoranges an $BaSO_4$-Niederschlägen mit ^{35}S bzw. Ra

1. nichtaktiver Niederschlag (◔); Niederschläge mit ^{35}S: 2. 0,01 mC/g (⊙); 3. 0,1 mC/g (◑); 4. 1 mC/g; 5. 4 mC/g; 6. 10 mC/g; 7. Niederschlag mit Ra, $3 \cdot 10^{-7}$ mC/g

A. A. Balandin, V. I. Spicin, N. P. Dobrosselskaja und I. E. Michailenko [27] haben die Reaktionsgeschwindigkeit der Dehydrierung von Cyclohexanol im Temperaturbereich von 335 bis 415 °C an einem aus einer Mischung von $MgSO_4$ mit Na_2SO_4 bestehenden Katalysator studiert. In den Katalysator wurden unterschiedliche Mengen Schwefel-35 in Form radioaktiven Natriumsulfats eingeführt. Die Ausbeute an Cyclohexen wurde für zwei Katalysatoren ein und derselben Zusammensetzung verglichen, wobei einer ^{35}S enthielt, der andere inaktiv war.

Die Untersuchung wurde in einer katalytischen Anlage nach einem dynamischen Verfahren durchgeführt (Abb. 12). Das katalytische Arbeitsrohr (1) mit an den Innenflächen angeschliffenem Reaktor war aus Quarz. Das Cyclohexanol wurde gleichmäßig in das katalytische Arbeitsrohr mit einer Geschwindigkeit von 0,22 cm³/Min. aus dem Reservoir (3) zugeführt, das mit einer Spezialeinrichtung für automatische Flüssigkeitszuführung verbunden war (4). Von außen wurden mit einem erwärmten Mantel 30 °C konstant gehalten, da Cyclohexanol bei Zimmertemperatur kristallisiert. Bei allen Versuchen im

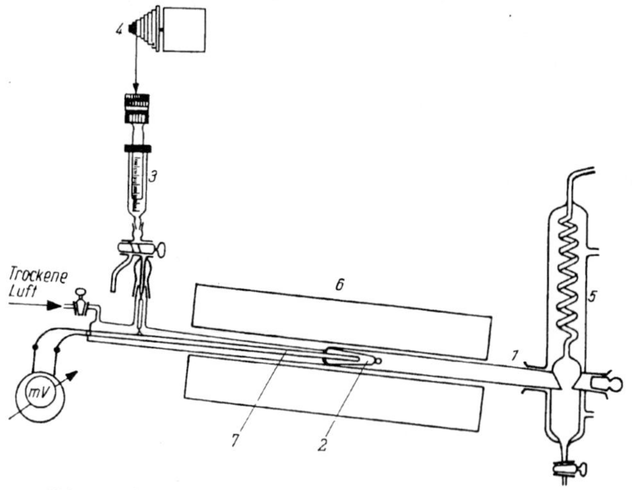

Abb. 12. Schema der Anlage für die katalytischen Versuche

Reaktor (2) wurden von jedem Katalysator 0,5 cm³ eingesetzt, deren Gewicht von 0,16 bis 0,30 g schwankte. Die Volumengeschwindigkeit der Zufuhr betrug 0,4 cm³/Min. Die Reaktionsprodukte wurden in dem schlangenartigen Kühler (5) aus Molybdänglas kondensiert.

Jeder Versuch dauerte 30 Minuten; das in den ersten 15 Minuten gesammelte Katalysat wurde nicht untersucht. Der Grad der Cyclohexanolumwandlung wurde durch Titration nach Kaufmann in einer Probe des in 15 Minuten vom Beginn des Versuches an gesammelten Katalysates bestimmt.

Das katalytische Arbeitsrohr wurde mit einem elektrischen Rohrofen (6) mit dilatometrischem Thermoregulator beheizt. Die Temperaturkonstanz lag in den Grenzen ± 2 °C. Die Temperatur in der Reaktionszone wurde mit einem Chrom-Alumel-Thermopaar (7) gemessen, das sich in einer Quarztasche tief im eingesetzten Reaktor (2) mit dem Katalysator befand. Nach jedem Versuch wurde der Katalysator 45 Minuten lang mit einem trockenen Luftstrom, der mit einer Geschwindigkeit von 9 l/h zugeführt wurde, regeneriert. In dem Gerät hinter dem Empfänger mit dem Katalysat (5) wurde das Meßgerät für die Bestimmung der weichen β-Strahlung angebracht.

Gasförmige Reaktionsprodukte mit einem ^{35}S-Gehalt wurden kein einziges Mal nachgewiesen. In der Regel wurde auch keine Radioaktivität im Katalysator nachgewiesen, außer in den Fällen, wo eine mechanische Beschmutzung durch zufällig zerstäubten Katalysator auftrat.

Die experimentellen Resultate zeigen, daß bei einer Temperatur von 410 °C und bei einer spezifischen Aktivität des Katalysators von 1,26 mC/g der Grad der Cyclohexanolumwandlung auf 10%, bei 9,2 mC/g auf 90% und bei 105,2 mC/g auf 180% ansteigt. Die Zunahme des Cyclohexanolumwandlungsgrades geht proportional dem Logarithmus der spezifischen Aktivität des Katalysators vor sich (Abb. 13).

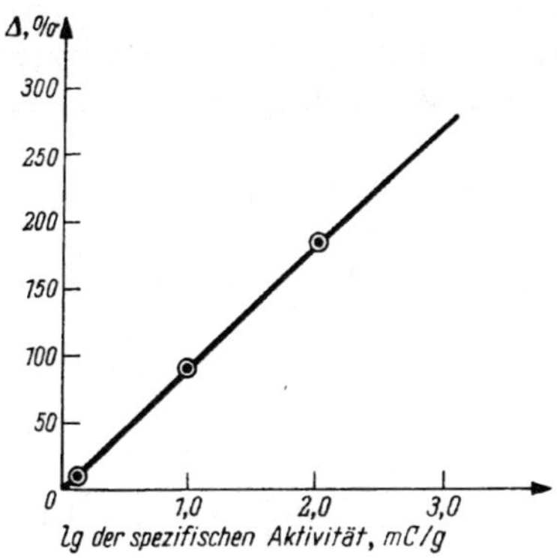

Abb. 13.

Abhängigkeit der Zunahme des Umwandlungsgrades von Cyclohexanol von der spezifischen Aktivität des Katalysators

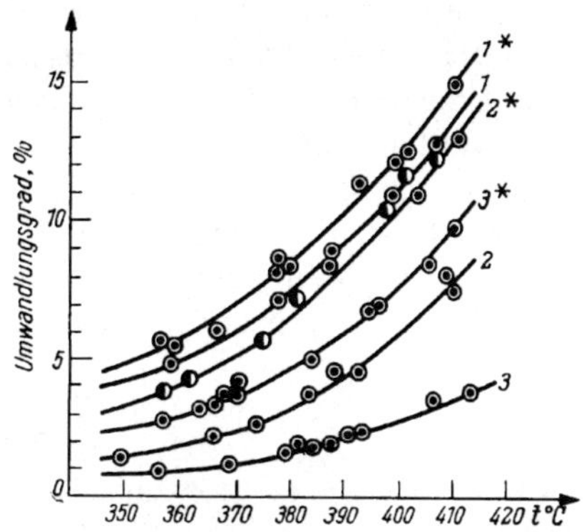

Abb. 14. Einwirkung der Radioaktivität des Katalysators auf seine katalytische Aktivität

1. $MgSO_4$ + 0,52% Na_2SO_4 (nicht radioaktiv);
1*. $MgSO_4$ + 0,52% Na_2SO_4 (Aktivität 1,26 mC/g);
2. $MgSO_4$ + 4,06% Na_2SO_4 (nicht radioaktiv);
2*. $MgSO_4$ + 4,06% Na_2SO_4 (Aktivität 9,2 mC/g);
3. $MgSO_4$ + 21,87% Na_2SO_4 (nicht radioaktiv);
3*. $MgSO_4$ + 21,87% Na_2SO_4 (Aktivität 105,2 mC/g)

In Tabelle 4 ist als Beispiel die Einwirkung der Radioaktivität des Katalysators (105,2 mC/g) auf den Grad der Cyclohexanolumwandlung bei verschiedenen Temperaturen dargestellt.

Tabelle 4

Einwirkung der Radioaktivität des Katalysators auf seine katalytische Aktivität

Absolute Aktivität des Katalysators mC/g	Grad der Cyclohexanolumwandlung in % bei den Temperaturen					
	357 °C	370 °C	384 °C	395 °C	406 °C	412 °C
—	0,8	1,1	1,8	2,3	3,4	3,7
105,2	2,7	3,6	4,9	6,6	8,3	9,7

In Abbildung 14 sind die Meßergebnisse für den Grad der Cyclohexanolumwandlung mit Katalysatoren verschiedener Zusammensetzung bei unterschiedlichen Temperaturen angeführt. In allen Fällen verläuft die Kurve, die dem radioaktiven Katalysator entspricht, über der mit dem nicht radioaktiven Katalysator.

Berechnungen zeigen, daß die scheinbaren Aktivierungsenergien des untersuchten katalytischen Prozesses zwar nicht viel (1—2 kcal/Mol), aber doch merklich bei Einführung des radioaktiven Isotops ^{35}S in den Katalysator abnehmen.

Man kann folglich feststellen, daß die radioaktive Strahlung des Katalysators bei genügender Intensität auf seine katalytische Aktivität und auf die Aktivierungsenergie des

Prozesses einwirkt. Die Steigerung der katalytischen Aktivität hängt augenscheinlich mit der Steigerung der Anzahl der aktiven Zentren auf Kosten der Entstehung von Defekten im Kristallgitter und auf der Oberfläche des Katalysators und mit der Einwirkung der β-Teilchen auf die katalytischen aktiven Zentren, die die Moleküle des reagierenden Stoffes adsorbiert haben, zusammen.

Bei den untersuchten Katalysatoren wurde keine Zunahme der aktiven Zentren während des Zerfalls von Schwefel-35 beobachtet. So wurde z. B. ein Katalysator, der eine Ausgangsradioaktivität von 105,2 mC/g aufgewiesen hatte, nach 315 Tagen auf seine katalytische Aktivität untersucht, als seine spezifische Radioaktivität auf 8,5 mC/g abgeklungen war. Die Erhöhung des Umwandlungsgrades von Cyclohexanol betrug 76%. Der erhaltene Punkt fällt mit der Geraden der Abb. 13 gut zusammen.

Abschließend muß betont werden, daß die Einwirkung der radioaktiven Strahlung der Festkörper auf die unter ihrer Beteiligung vor sich gehenden heterogenen Prozesse ein noch nicht genügend untersuchtes Forschungsgebiet ist, auf dem viele interessante theoretische Entdeckungen und wertvolle Anwendungsmöglichkeiten zu erwarten sind.

Zusammenfassung

1. Es wurde die Wirkung der radioaktiven Strahlung von einigen Festkörpern auf deren physikalisch-chemische Eigenschaften untersucht.
2. Die Geschwindigkeit des Isotopenaustausches des Schwefels bei hoher Temperatur im System $K_2\overset{*}{S}O_4$—SO_3 und des Sauerstoffes im System $Na_2\overset{*}{S}O_4$—O_2 hängt wesentlich von der spezifischen Radioaktivität (an ^{35}S) der untersuchten Sulfate ab.
3. Es wurde die Einwirkung der spezifischen Radioaktivität von ^{35}S- oder Ra-haltigem Bariumsulfat auf den Adsorptionsgrad einiger wäßriger organischer Farbstofflösungen nachgewiesen.
4. Es wurde die positive Einwirkung der Radioaktivität des Katalysators auf die Kinetik der Cyclohexanoldehydrierung beschrieben.

LITERATUR

[1] G. HEVESY, F. PANETH, Z. anorg. Ch. 82, 323 (1913).
[2] L. B. ASPREY, S. E. STEPHANOW, Report AECU-924, Nov. 10.1950 (The Actinide Elements. Chap. 14).
[3] W. W. FOMIN, R. E. KARTUSCHOWA, T. I. RUDENKO, Atomenergie, Nr. 3. 117 (1956).
[4] E. H. TAYLOR, J. A. WETHINGTON jr., Journ. Am. Chem. Soc. 76, 971 (1954).
[5] P. B. WEISZ, E. W. SWEGLER, Journ. Chem. Phys. 23, 1567 (1955).
[6] R. W. CLARKE, E. J. GIBSON, Nature 180, 140 (1957).
[7] E. J. GIBSON, R. W. CLARKE, T. A. DORLING, D. POPE, Vortrag Nr. 63 auf dem Zweiten Internationalen Kongreß über die Ausnutzung der Atomenergie für friedliche Zwecke (1958).
[8] P. GUENTHER, Ergebnisse techn. Röntgenkunde 4, 100 (1934).
[9] G. L. CLARK, P. C. MCGRATH, M. C. JOHNSON, Proc. U.S. Nat. Acad. Sci. 11, 646 (1925).
[10] P. H. EMMET, E. J. JONES, J. Phys. Chem. 34, 1102 (1930).
[11] H. E. FARNSWORTH, R. F. WOODCOCK, Advances in Catalysis IX (1957).
[12] C. C. ROBERTS, A. SPILNERS, R. SMOLUCHOWSKI, Bull. Amer. Phys. Soc., ser. II, 3, 116 (1958).
[13] E. H. TAYLOR, H. W. KOHN, Journ. Am. Chem. Soc. 79, 252 (1957).
[14] J. TURKEVICH, Vortrag Nr. 934 auf dem Zweiten Internationalen Kongreß über die Ausnutzung der Atomenergie für friedliche Zwecke (1958).
[15] O. COSTACHEL, G. FURNICA, Vortrag Nr. 1294 auf dem Zweiten Internationalen Kongreß über die Ausnutzung der Atomenergie für friedliche Zwecke (1958).
[16] K. A. NATER, Vortrag Nr. 1376 auf dem Zweiten Internationalen Kongreß über die Ausnutzung der Atomenergie für friedliche Zwecke (1958).

[17] V. I. Spicin, Nachr. der Akad. der Wissensch. der UdSSR, Abt. der chem. Wissensch. 1296 (1958).
[18] V. I. Spicin, I. E. Michailenko, Berichte der Akad. der Wissensch. der UdSSR **121**, 319 (1958).
[19] V. I. Spicin, I. E. Michailenko, Z. anorg. Chemie (russ.) **3**, 1254 (1958).
[20] S. Gordon, E. J. Hart, Journ. Am. Chem. Soc. **77**, 3981 (1956).
[21] V. I. Spicin, W. G. Finikow, Berichte der Akad. d. Wissensch. der UdSSR **108**, 491 (1956).
[22] V. I. Spicin, W. W. Gromow, Berichte der Akad. der Wissensch. der UdSSR **123**, 722 (1958).
[23] L. de Brouckère, Ann. chim. Belg. **10**, 92 (1933).
[24] M. Kolthoff, W. M. McNevin, Journ. Am. Chem. Soc. **59**, 1639 (1937).
[25] A. M. Rutgers, W. van den Heuvel, Experientia XI, Fasc. **12**, 481 (1955).
[26] V. I. Spicin, W. W. Gromow, Radiochemie, **1**, 181 (1959).
[27] A. A. Balandin, V. I. Spicin, N. P. Dobrosselskaja, I. E. Michailenko, Berichte der Akad. der Wissensch. der UdSSR **121**, 495 (1958).

Über das Problem der radioaktiven Abfälle

(Verhandlungen auf der Zweiten Genfer Konferenz für die friedliche Ausnutzung der Atomenergie)

In den letzten 15 Jahren hat sich durch die Erzeugung von Kernbrennstoffen und verschiedenen radioaktiven Elementen in großem Maßstab sowie durch die Errichtung von Atomkraftwerken und Uranreaktoren eines der wichtigsten Forschungsprobleme der neuen Technik ergeben. Besonders wichtig ist die Entfernung und Ablagerung der radioaktiven Abfälle, die sich in großen Mengen bilden und für das Betriebspersonal und die Bevölkerung höchst gesundheitsgefährdend sind.

Diese Fragen wurden gründlich auf der „Zweiten Genfer Konferenz für die friedliche Ausnutzung der Atomenergie" diskutiert. Äußerst radioaktiv sind die technischen Abfälle bei der Herstellung von Plutonium aus dem mit Neutronen bestrahlten Uran und bei der Regenerierung der verbrauchten Heizelemente der Energiereaktoren, die die Hauptmenge der Spaltelemente enthalten. Doch sind die Volumina dieser Abfälle verhältnismäßig gering (Tabelle 1 u. 2).

Tabelle 1

Die wichtigsten Spaltelemente

Isotope	Ausbeute bei Spaltung %	Halbwertszeit	Strahlungsart
Technetium-99	6,2	$2{,}12 \cdot 10^5$ a	β
Cäsium-137	6,1	30 a	β, γ
Strontium-90	5,2	27,7 a	β
Krypton-85	0,2	10,3 a	β, γ
Promethium-147	3,0	2,6 a	β
Antimon-125	0,02	2,0 a	β, γ
Ruthenium-106	0,5	1,0 a	β
Cer-144	5,2	285 d	β, γ
Zirkonium-95	6,2	65 d	β, γ
Yttrium-91	5,6	57,5 d	β, γ
Strontium-89	4,7	50,5 d	β
Ruthenium-103	3,0	39,8 d	β, γ
Niob-95	6,2	35 d	β, γ
Tellur-129	0,4	33,5 d	β, γ
Cer-141	6,1	33,1 d	β, γ
Praseodym-143	5,6	13,8 d	β
Barium-140	6,2	12,8 d	β, γ
Neodym-147	3,0	11,1 d	β, γ
Jod-131	2,8	8,1 d	β, γ
Xenon-133	4,5	5,3 d	β, γ
Lanthan-140	6,2	40,2 h	β, γ

Tabelle 2

Charakteristik hochaktiver technologischer Abfälle bei der Aufarbeitung von Kernbrennstoffen

Bezeichnung des Aufarbeitungs-verfahrens	Aufgearbeitetes Material	Angewandte Prozesse, Abfallcharakter	Menge der Abfälle pro kg Uran (in Liter)	Aktivität d. Abfälle nach 120 Tagen Abklingzeit C/l
Purex	Natürliches Uran (oder mit 2% U-235)	Auflösen in HNO_3, Extraktion von U und Pu mit TBP, salpetersaure Abfälle	3,8	951
TBP-25	Aluminiumlegierung mit angereichertem Uran (90% U-235),	Auflösen in HNO_3, Extraktion von U mit TBP, salpetersaure Al-haltige Abfälle	670	259
Darex	Angereichertes Uran (90% U-235), rostfreier Stahl	Auflösen in Königswasser, Destillation der HCl, Extraktion von U mit TBP, salpetersaure Abfälle	246	333
Fan	Zirkoniumlegierung mit natürlichem Uran (oder mit 2% U-235)	Auflösen in einem Gemisch $HF-Al(NO_3)_3-HNO_3$, Extraktion von U und Pu mit TBP, salpetersaure Abfälle	50	71
Verflüchtigung von Fluorverbindungen	Zirkoniumlegierung mit angereichertem Uran (90% U-235)	Aufarbeitung mit HF im geschmolzenen Eutektikum NaF–LiF bei 650 °C, Umwandlung des UF_4 in UF_6 durch Wirkung von F_2, Destillation des UF_6 und Sorption auf NaF	32	5284

Die radiochemischen Werke haben auch verschiedene nichttechnische Abfälle mit einer niedrigen Aktivität, die aber durch einen viel höheren Debit charakterisiert werden. Hierzu gehören das Kühlwasser der Betriebsanlagen, verschiedenartige Kondensate, Lösungen, die man bei Reparaturen durch Abwaschen erhält, Badwäschereiwasser u. a. m. (Tabelle 3).

In den Atomkraftwerken entstehen flüssige und feste radioaktive Abfälle bei der Reinigung des Wärmeträgers im ersten Kreislauf und bei etwaiger Havarie der Heizelemente.

Sehr kompliziert und von sehr verschiedenartiger und schwankender Zusammensetzung sind die Abfälle in physikalischen, chemischen und biologischen Laboratorien, in denen mit radioaktiven Isotopen gearbeitet wird (Tabelle 4).

In Tabelle 5 ist der höchstzulässige Gehalt an Radioisotopen im Wasser angeführt, der laut den in der UdSSR geltenden Gesetzen in den Wasserreservoiren für die öffentliche Nutzung enthalten sein darf [1]. Diese Angaben zeigen uns, daß nach dem absoluten Wert verhältnismäßig geringe aktive Abfälle der radiochemischen Betriebe und Labo-

Tabelle 3
Beispiel einer Zusammensetzung nichttechnischer Abfälle radiochemischer Betriebe mit niedrigem Aktivitätsniveau

Durchschnittliche chemische Zusammensetzung			Durchschnittliche radiochemische Zusammensetzung	
Bezeichnung	Maßeinheit	Gehalt	Isotop	Gehalt C/l
Härte	mg/Äquiv./l	4,2	Cäsium-137	$1{,}0 \cdot 10^{-7}$
Trockener Rückstand	mg/l	428	Strontium-89	$1{,}0 \cdot 10^{-6}$
Geglühter trockener Rückstand	mg/l	295	Strontium-90	$2{,}0 \cdot 10^{-7}$
Chloride	mg/l	20,5	Summe S · E	$5{,}0 \cdot 10^{-6}$
Oxydierbarkeit	mg O_2/l	10,8	Ruthenium-103, Ruthenium-106	$1{,}7 \cdot 10^{-6}$
Ca^{2+}	mg/l	62,0	Zirkonium-95	
Mg^{2+}	mg/l	16,5	Niob-95	$2{,}0 \cdot 10^{-6}$
SO_4^{2-}	mg/l	120,1		
SiO_2	mg/l	2,7		
Gesamtes Fe	mg/l	0,7		

Tabelle 4
Beispiel einer Zusammensetzung von durch radioaktive Isotope verseuchten Labor-Abwässern

Lfd. Nr.	Bezeichnung	Gehalt in mg/l		
		Abwässer der chemischen Laboratorien	Abwässer der biophysikalischen Laboratorien	Abwässer der Wäschereien
1	Natrium	92	62	359
2	Calcium	40	80	2
3	Magnesium	18	18	1,2
4	Eisenoxyd	2,8	—	—
5	Ammonium	0,18	1,1	0,2
6	Kalium	—	33	11,2
7	Mangan	—	—	8,2
8	Bicarbonat	85	67	79,2
9	Nitrate	99	31	—
10	Chloride	46	96	241,5
11	Chromate	0,6	—	—
12	Sulfate	14	48	91,2
13	Kieselsäure	106,5	106,5	106,5
14	Sulfonaphtensäuren	38,2	13,9	174
15	Öl und andere organische Stoffe	40	414	160
16	Gesamtsalzgehalt	622	1040	1756
17	pH-Wert	7,8	8	5,5
18	Aktivität der Abfälle nach Alphastrahlern C/l	$1 \cdot 10^{-7}$	$1 \cdot 10^{-9}$	$1 \cdot 10^{-7}$
19	Aktivität der Abfälle nach β- und γ-Strahlern C/l	$1 \cdot 10^{-7}$	$1 \cdot 10^{-7}$	$1 \cdot 10^{-7}$
20	Biochemischer Bedarf an Sauerstoff in mg/l	5—10	300—350	250—300

ratorien aufgearbeitet werden müssen, d. h., der Gehalt an Radioisotopen muß verringert werden. Sie werden konzentriert und unter für die Bevölkerung unschädlichen Bedingungen vergraben.

Tabelle 5
Zulässiger Höchstgehalt an radioaktiven Isotopen im öffentlichen Nutzwasser

Isotop	Strahlungsart	Zulässiger Höchstgehalt C/l	Isotop	Strahlungsart	Zulässiger Höchstghealt C/l
Thorium (natürliches)	α, β, γ	$1 \cdot 10^{-11}$	Promethium-147	β	$1 \cdot 10^{-8}$
Uran (natürliches)	α, β, γ	$3 \cdot 10^{-11}$	Phosphor-32	β	$1 \cdot 10^{-8}$
Radium(+ Produkte aus dessen Zerfall)	α, β, γ	$5 \cdot 10^{-11}$	Zirkonium-95	β, γ	$5 \cdot 10^{-8}$
			Niob-95	β, γ	$1 \cdot 10^{-7}$
Strontium-90	β	$5 \cdot 10^{-10}$	Ruthenium-106	β	$1 \cdot 10^{-7}$
Jod-131	β, γ	$5 \cdot 10^{-10}$	Tellur-129	β, γ	$1 \cdot 10^{-7}$
Yttrium-91	β, γ	$1 \cdot 10^{-9}$	Molybdän-99	β, γ	$5 \cdot 10^{-7}$
Strontium-89	β	$5 \cdot 10^{-9}$	Ruthenium-103	β, γ	$5 \cdot 10^{-6}$
Calcium-45	β	$5 \cdot 10^{-9}$	Technetium-99	β	$1 \cdot 10^{-6}$
Kobalt-60	β, γ	$5 \cdot 10^{-9}$	Schwefel-35	β	$5 \cdot 10^{-6}$
Cäsium-137	β, γ	$1 \cdot 10^{-8}$			

Die Uran-Spaltprodukte der technischen Abfälle finden bereits immer breitere Anwendung [2, 3, 4]. Der Bedarf an Spaltelementen kann durch die Aufarbeitung eines kleinen Teils der Gesamtmenge der hochaktiven Abfälle gedeckt werden. Nach der höchstmöglichen Konzentrierung wird die Hauptmenge der hochaktiven Abfälle sicher gelagert oder vergraben. Die Konzentrierung wird durch Eindampfen erreicht, wenn es der Salzgehalt in der Lösung erlaubt. Die hochaktiven Abfälle können auf Kosten der Wärme, die durch den Zerfall der Spaltprodukte entsteht, der Selbsteindampfung unterworfen werden. Für eine dauernde Lagerung von konzentrierten hochaktiven Abfällen werden gewöhnlich große untereinander verbundene Erdbunker von zwei- bis viertausend Kubikmetern Rauminhalt angelegt [5]. Für saure Lösungen werden sie aus rostfreiem Stahl hergestellt, für alkalische Lösungen aus gewöhnlichem Stahl. Die Reservoirs werden mit Spezialkühlern, mit Vorrichtungen zum Durchmischen und mit einer Reihe Meßgeräten versehen. Das oben erwähnte Verfahren zur Aufbewahrung von radioaktiven Abfällen ist sehr kostspielig. Neuer-dings werden viele Methoden für das Vergraben von hochaktiven Produkten vorgeschlagen, die sich in der Perspektive wirtschaftlicher erweisen können. In der Regel können jedoch die Abfälle nicht durch Extraktion von einzelnen Spaltelementen aufgearbeitet werden.

Zum Vergraben gehören vor allem verschiedene Erhärtungsverfahren der Abfallösungen: 1. Abbinden der Abfallösungen mit Zement und Umwandlung in Blöcke, die dann in die Erde eingegraben oder ins Meer versenkt werden [6], 2. Eindampfen der Lösung bis zur Trockne und Aufbewahrung des trockenen Rückstandes in hermetisch schließenden Metallbehältern [7], 3. Schmelzen des trockenen Rückstandes mit verschiedenen Zusätzen, Überführen in glasartige Massen [8, 9]. Adsorption der Spaltelemente auf Montmorillonit und auf andere Mineralien [10].

Es liegen auch verschiedene Vorschläge zum Vergraben von hochaktiven Abfällen in flüssigem Zustand vor: 1. Versenken in alte unbenutzte Schächte, stillgelegte Erdölbohrlöcher [11], [12] oder Kochsalzlagerstätten [13], [14] und andere unterirdische Formationen [15], 2. Vergraben in großen Meerestiefen [16]. Die meisten der genannten Methoden wurden in der Praxis noch nicht geprüft. Für einige gibt es nur ungenügende Werte von Laboratoriumsuntersuchungen. Insbesondere fehlen Angaben über Löslichkeit und radiochemische Stabilität der zum Vergraben bestimmten Materialien (Beton- und Glasblöcke). Auch die Angaben über Anreicherung der im Grund-, Fluß- und Seewasser gelösten Spaltelemente, in Mineralien und lebenden Organismen sind zur Zeit noch unzureichend.

Aus diesen Gründen soll die Lagerung von hochaktiven Abfällen der Atomindustrie in allen Fällen unter ständiger wissenschaftlicher Kontrolle durchgeführt werden. Das kontrollose Vergraben kann dazu führen, daß radioaktive Isotope in die Quellen der Wasserversorgung und in die Lebensmittelproduktion gelangen, was katastrophale Folgeerscheinungen nach sich ziehen kann.

Einige obenerwähnte Methoden werden vom wissenschaftlichen Standpunkt aus ernsthaft kritisiert. So z. B. zeigen die Beobachtungen der sowjetischen Expedition auf dem Schiff „Vitjas", daß eine schnelle Vermischung mit dem Ozeanwasser in großen Tiefen vor sich geht, was das Vergraben von radioaktiven Abfällen auf dem Ozeangrund unmöglich macht [17].

Die nichttechnischen Abfälle der Atomindustrie können auf Grund des großen Anfalls auf einfachem Wege weder unschädlich gemacht noch konzentriert werden. Bei der Beseitigung der Spaltprodukte wird als erster Arbeitsgang vorgesehen, diese nach einer bestimmten Abklingzeit, die die Aktivität herabsetzt, in Flüsse oder andere Gewässer abzuleiten. Dazu legt man die Berechnung zugrunde, daß nach der Verdünnung die Konzentration von Radioisotopen im Wasser unter den medizinisch erlaubten Mengen liegt [18]. Es hat sich aber sehr schnell herausgestellt, daß die Bodenablagerung sowie bestimmte Pflanzen und Tiere in ihren Organismen einige Spaltelemente konzentrieren und infolgedessen der Gehalt an Spaltelementen die zulässigen Normen übersteigt. Besonders gilt das für das gefährlichste Radioisotop Strontium-90.

Das britische Atomkraftwerk in Windscale, das an der Westküste Englands liegt, leitet seine Abfälle mit niedriger Aktivität in die Irische See. Die Rohre, durch die die Abfälle geleitet werden, führen vom Ufer 3,2 km in das offene Meer. Untersuchungen haben gezeigt [19], daß sich Strontium-90 in den Fischen konzentriert und die radioaktiven Isotope des Yttriums, Cers, Rutheniums und Cäsiums am Ufer und das Plutonium in Seepflanzen nachgewiesen werden können. Die auf Grund dieser Untersuchungen festgelegte Abfallnorm, 2 Curie pro Tag für Strontium, 10 Curie pro Tag für Yttrium und Cäsium, 100 Curie pro Tag für Ruthenium und Cer, kann das Problem der radioaktiven Abfälle eines großen Atombetriebes nicht lösen. Außerdem ist stets zu befürchten, daß im Laufe der Zeit in der Natur solche radioaktiven Abfälle angereichert werden, deren Verhalten man unmöglich beeinflussen kann. Daraus ergibt sich die Aufgabe, die radioaktiven Isotope aus den Lösungen geringer Aktivität dadurch zu entfernen, daß die Aktivität auf kleine Volumina der flüssigen oder der festen Produkte konzentriert wird. Das bis zu den medizinisch zulässigen Normen gereinigte Wasser kann dann in die Wasserreservoire der öffentlichen Nutzung zugeleitet oder im System der technischen Wasserversorgung desselben Atombetriebes wieder verwendet werden. Für die Lösung dieser Aufgabe sind zur Zeit mehrere technische Verfahren vorgeschlagen worden.

K. Cowser, R. Morton, E. Witkowski [20] arbeiteten das Kalk-Soda-Reinigungsverfahren für Abfälle mit einem niedrigen Aktivitätsniveau aus, das dem Verfahren der Wasserenthärtung ähnlich ist. Die Verfasser halten es besonders für das Abscheiden der radioaktiven Isotope des Strontiums und der Seltenen Erden geeignet. Cäsium wird durch Zusatz von Ton entfernt. Diese Methode wird für die Reinigung der Abwässer des Oak Ridge National Laboratory (USA) verwendet. Die erforderliche Reagentienmenge wird aus den Analysenwerten der Calcium- und Magnesiumhärte und aus dem Gehalt an Kohlensäure der einlaufenden Abwässer berechnet. Calcinierte Soda wird mit einem Überschuß von 200 g/m³ zugesetzt, der Tonaufwand beträgt 30 g/m³. Der Prozeß geht in einem ununterbrochenen Strom vonstatten (Abb. 1).

Die Abwässerlösungen werden dem Mischbassin zugeführt und durch den Kontrollpunkt der Anlage für chemische Aufarbeitung geleitet. Nach Zugabe der Reagentien und intensiver Vermischung passiert das Wasser 3 kleine Koagulations-Bassins und ein großes Bassin, den Abscheider. Der radioaktive Schlamm wird in einen Spezialbehälter gepumpt, wo er sich absetzt. Zum Vergraben wird er dann in eine Grube aus Tonschiefer geleitet. Das gereinigte Wasser wird dem Betrieb zurückgeführt oder in den Fluß abgelassen. Es ist aber zu betonen, daß nach Angaben der Verfasser der Entseuchungsgrad des Strontiums 66 bis 87% der Seltenen Erden 67 bis 89% und des Cäsiums nicht über 55% beträgt.

Abb. 1. Gesamtansicht der Anlage zur Beseitigung radioaktiver Abfälle niedriger Aktivität nach dem Kalk-Soda-Verfahren von K. COWSER u. a. [20]

A — Fluß B — Anlage der chemischen Aufarbeitung
C — Klärbecken D — Kontrollgebäude
E — Mischbecken

R. BURNS und E. GLUECKAUF [21] beschreiben das Reinigungsverfahren für Abfälle mit einem niedrigen Aktivitätsniveau, das in Harwell angewandt wird. Der erste Arbeitsgang der Aufarbeitung besteht im Ausfällen der Calcium- und der dreiwertigen Eisenphosphate bei einem p_H-Wert von 11,5. Zugesetzt werden: 50 g/m³ Calcium, in Form des aufgelösten Salzes, 40 g/m³ Eisen und 80 g/m³ Phosphationen. Zum Ausfällen benutzt man Trinatriumphosphat, $Na_3PO_4 \cdot 12\,H_2O$. Der notwendige p_H-Wert wird mit Ätznatron eingestellt. Die α-Strahler werden zu 98,9%, die β-Strahler zu 87%, das radioaktive Ruthenium zu 47 bis 70% und das radioaktive Cäsium zu 16 bis 33% mit ausgefällt. Zur besseren Entfernung des radioaktiven Rutheniums wird Eisen mit Natriumsulfid (20 g/m³) als Eisensulfid ausgeschieden. Dadurch steigert sich der Mitfällungsgrad des Rutheniums auf 69 bis 83%, der der α-Strahler auf 99,7%, der der β-Strahler auf 90,9%, der des radioaktiven Cäsiums auf 39 bis 42%. Die Pulpe wird koaguliert und setzt sich in einem Spezialabscheider ab. Zwecks Verdichtung und Entwässerung werden die phosphat- und sulfidhaltigen Schlämme bei —2° C eingefroren und nach dem Auftauen filtriert.

Zur Entfernung des radioaktiven Cäsiums und der Rückstände des radioaktiven Strontiums werden die Abfälle auf Ionitsäulen mit einem Natursorbens, dem Vermikulit, geleitet. Das Sorbens wird nicht regeneriert, sondern, nachdem sein Austauschvermögen erschöpft ist, vergraben. α-Strahler werden mit Vermikulitsäulen zu 99,95%, β-Strahler zu 99,4% abgeschieden. Die restliche α-Aktivität beträgt $1{,}4 \cdot 10^{-11}$ C/1, die restliche β-Aktivität $1{,}2 \cdot 10^{-10}$ C/1. Das auf diese Weise gereinigte Wasser kann für technische Zwecke im Betrieb verwendet werden. Als Trinkwasser eignet es sich wegen des verhältnismäßig hohen Salzgehaltes nicht. In der Endphase der Reinigung, der Elektrodenionisierung, wird das Wasser von den Salzen befreit. Das Gesamtschema der Apparatur des technischen Verfahrens ist in Abbildung 2 wiedergegeben. Es wird empfohlen, den Schlamm und andere feste Abfälle aus den beschriebenen Prozessen durch Trocknen und Glühen mit entsprechenden Zusätzen zu sintern.

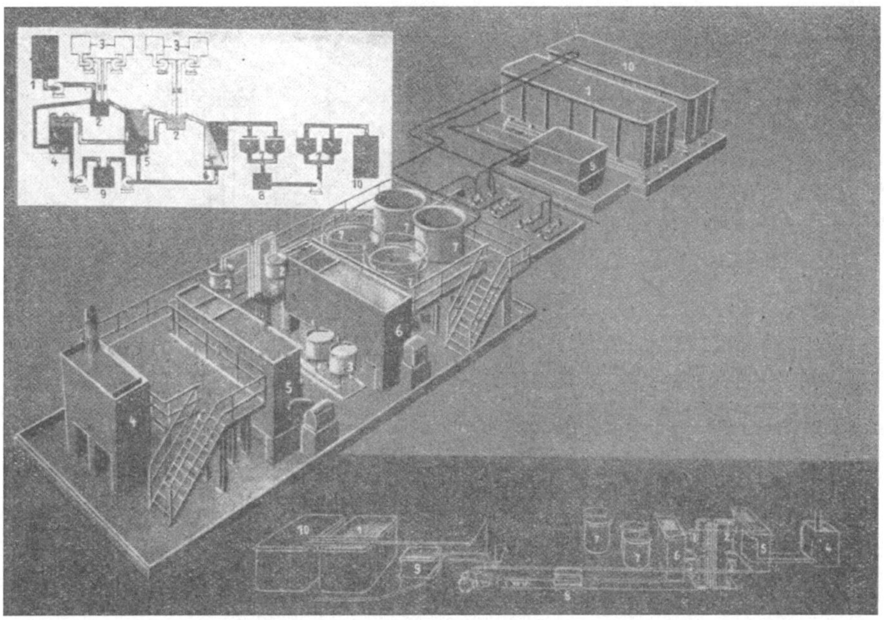

Abb. 2. Schema der Aufbereitungsanlage für mittlere Aktivitäten in Harwell nach R. Burns und E. Glueckauf [21]

1 — Aktive Abfälle
2 — Mischbehälter
3 — Chemikalienbehälter
4 — Pulsierende Kläranlage
5 — Abscheider 1
6 — Abscheider 2
7 — Vermikulit-Säulen
8 — Absetzbecken
9 — Schlammbecken
10 — Aufbereitetes Abwasser

S. A. Wosnessenski, G. A. Sereda, P. F. Dolgisch und L. I. Baskow [22] beschreiben eine Anlage zur Aufarbeitung der Abwässer mit niedrigem Aktivitätsniveau und kleinem Salzgehalt. Die sowjetischen Gelehrten stellten fest, daß das Eisenhydroxyd als Sorbent für die Trennung einer großen Anzahl radioaktiver Isotope sehr günstig ist. Die Anwendung von Ionenaustauschern hat sich für die Reinigung der Abwässer von Spuren radioaktiver Elemente als am wirtschaftlichsten erwiesen.

Die Abwässer mit niedrigem Aktivitätsniveau enthalten 300 bis 1800 mg/l trockenen Rückstand. Die Radioaktivität liegt zwischen 10^{-5} bis 10^{-8} C/l. An Elementen sind Natrium, Calcium und Magnesium, Kieselsäure sowie Chlor-, Sulfat- und Nitrationen vorhanden.

Liegt radioaktives Strontium vor, so ist die Reinigung mehrere 100mal, bei Radioisotopen der Seltenen Erden, des Zirkons und Niobs mehrere 10mal, bei Cäsium-137 und bei radioaktivem Ruthenium 10- bis 20mal zu wiederholen (Abb. 3).

Das zu reinigende Wasser wird in den Mischer (Abb. 3) geleitet. Eisensulfat, ausgehend von 100 mg/l, und Ätznatron werden bis zum p_H-Wert 10 zugesetzt und nach erfolgter inniger Vermischung in die Reaktionskammer geführt, die in den vertikalen Abscheider eingebaut ist. Das geklärte Wasser wird nun auf das offene Quarzfilter und dann auf die Säulenkaskade der Ionenaustauscher, auf ein mit Schwefelkohle gefülltes Kationenaustauschfilter und ein Anionenaustauschfilter geleitet. Das auf diese Weise gereinigte Wasser wird in die Wasserbassins abgelassen, das Schlammwasser des Quarzfilters erneut der Reinigung unterworfen.

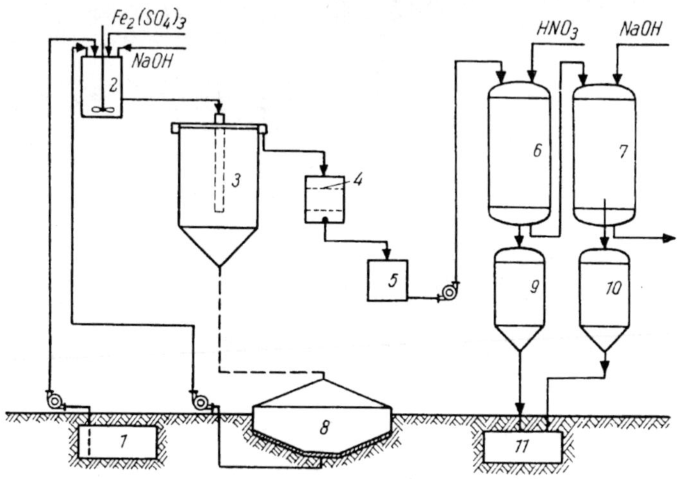

Abb. 3. Schema der Anlage für die Reinigung weniger verseuchter Abwässer mit niedrigem Aktivitätsniveau der radiochemischen Betriebe nach S. A. WOSNESSENSKI, G. A. SEREDA u. a. [22]

1 — Sammler — Abscheider; 2 — Mischgefäß; 3 — Abscheider; 4 — Quarzfilter; 5 — Zwischenrauminhalt; 6 — Filter mit Kationenaustauscher; 7 — Filter mit Anionenaustauscher; 8 — Lagerungsstätte mit Dränageboden; 9, 10 — Gefäße zum Eindampfen der Regenerate; 11 — Lagerungsstätte für eingedampfte Filter-Regenerate

Die Rückstandpulpe aus dem Abscheider mit einem Wassergehalt von 98 bis 99% wird periodisch in einer Speziallagerungsstätte mit Dränageboden entwässert und vergraben (Abb. 4). Durch Entwässerung wird der Wassergehalt in der Lagerungsstätte auf 90 bis 92% herabgesetzt, und der Rückstand verringert sich um etwa das 15fache. Durch Einfrieren des Rückstandes in der Winterperiode mit dem darauffolgenden Auftauen durch die Dampfleitung wird der Wassergehalt weiter auf 50 bis 65% gesenkt, der Rückstand verringert sich um das 3,5fache. Der lufttrockene Niederschlag enthält 8 bis 10% Wasser und sein Volumen ist um das 100fache geringer als das der Ausgangspulpe. Zur zuverlässigen Abschirmung soll die mit dem Niederschlag gefüllte Lagerungsstätte mit Erde zugeschüttet oder zementiert werden.

Die Kationenaustauschfilter werden mit Salpetersäure, die Anionenaustauschfilter mit Ätznatron regeneriert, die Regenerate getrennt eingedampft und die Verdampfungsrückstände in Speziallagerungsstätten geleitet.

Für die Reinigung von 100 m³ Abwasser werden 10 kg Eisensulfat (wasserfrei), 70 kg Ätznatron und 50 kg Salpetersäure (60prozentig) benötigt. Der Rückstand von 0,6 m³ wird vergraben. Der Konzentrierungsgrad übertrifft das 160fache.

Der Entseuchungsgrad der Aktivität beträgt auf dem Abscheider und dem Quarzfilter das 10fache, auf dem Kationenaustauschfilter das 40fache und auf dem Anionenaustauschfilter das 100fache. Bei Strontium ist die Reinigung mit Eisenhydroxyd weniger wirksam (nur das 3fache). Das Kationenaustauschfilter spielt in diesem Prozeß eine außerordentlich wichtige Rolle (Entseuchungsgrad = 1000fach). Das Strontium beginnt nach Sättigung des Filters mit Calcium durchzulaufen, die Arbeitsintensität des Kationenaustauschfilters wird also von dem Calciumgehalt des zu reinigenden Wassers bestimmt. Die Seltenen Erden, Zirkonium und Niob werden hauptsächlich mit dem Eisenhydroxydniederschlag, Cäsium durch das Kationenaustauschfilter, Ruthenium sowohl mit dem Eisenhydroxyd-

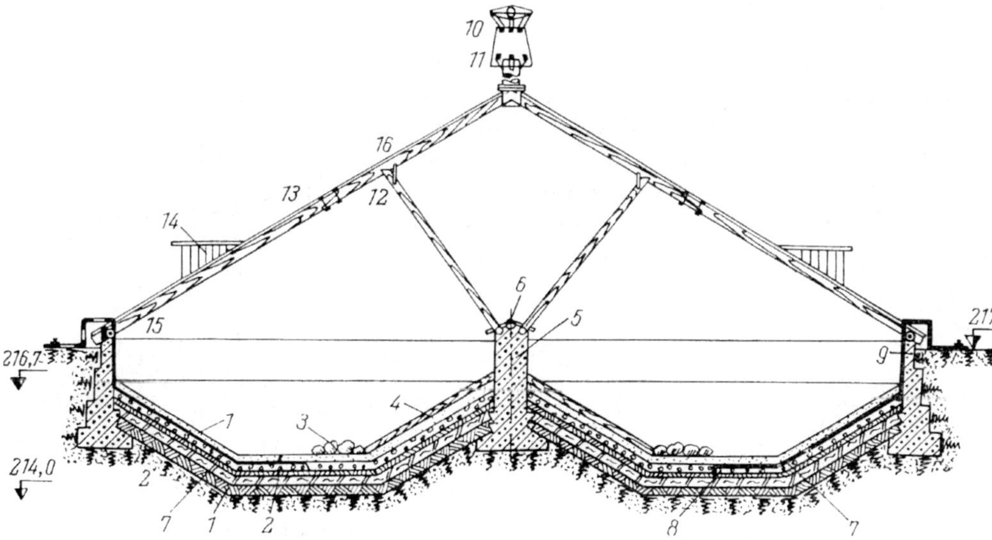

Abb. 4. Schema einer Lagerungsstätte mit einem Dränageboden zum Absetzen und Vergraben fester radioaktiver Abfälle nach S. A. Wosnessenski, G. A. Sereda u. a. [22].

1 — Dränageschicht; 2 — Hydroisolation; 3 — Geröll; 4 — Mulde; 5 — Betonwand; 6 — Wärmeschutz der Rohre; 7 — Rohr für Dampfzuleitung; 8 — Dänagerohr; 9 — Wand der Lagerungsstätte

niederschlag als auch durch das Anionenaustauschfilter erfaßt. Überprüfung des beschriebenen Verfahrens für die Reinigung radioaktiven Wassers in Betrieben hat die Zuverlässigkeit und den relativ geringen Kostenaufwand der Aufarbeitung im Vergleich zu anderen Verfahren bestätigt.

In dem französischen Atomkraftwerk in Marcoule werden die Abfälle mit einer durchschnittlichen Aktivität unter 1,5 C/m³ durch Mitfällen und chemische Koagulation aufgearbeitet. Man verwendet eine Einrichtung, die gewöhnlich zur Wasserreinigung verwendet wird [23]. Als Reagentien dienen Natriumphosphat, Tannin und Natriumsulfat mit einem Zusatz von organischem Koagulat. Der Prozeß wird in Anwesenheit von Kalk bei einem p_H-Wert von 11,5 durchgeführt, der dabei erzielte Entseuchungsgrad liegt zwischen 10 bis 100.

Eine höchst komplizierte Aufgabe ist die Reinigung der Abwässer wissenschaftlicher Laboratorien, die bei ihrer Arbeit radioaktive Isotope verwenden. Die Hauptschwierigkeit dabei ist die unbekannte chemische und radiochemische Zusammensetzung der Abfälle.

K. A. Bolschakow, A. T. Awdonin, W. T. Borstschew, F. W. Rausen u. a. [24] beschreiben die Einrichtungen der sowjetischen Versuchs-Betriebsstation für die Reinigung der in den Laboratorien durch radioaktive Elemente verseuchten Abwässer. Diese erwähnte Station arbeitet für mehrere wissenschaftliche Institute. Durchschnittlich beträgt die Aktivität der aufgearbeiteten Abwässer an α-Strahlern 10^{-7} bis 10^{-9} C/l an β- und γ-Strahlern 10^{-7} C/l. Der Gehalt an Salzen liegt bei 600 bis 1000 mg/l, der an organischen Stoffen zwischen 80 bis 400 mg/l. Dem Reinigungsprozeß liegt die Methode des Ionenaustausches zugrunde, die um die Hälfte billiger ist als das Eindampfen. Die Abfälle der radiobiologischen Laboratorien und der speziellen Wäschereien, die viele organische Stoffe enthalten, werden einer besonderen Aufarbeitung unterworfen (Abb. 5). Nachdem sie eine Zeit lang stehen gelassen wurden, leitet man die Abfälle in Luftbehälter, wo sie mit aktivem Schlamm aufgearbeitet und ununterbrochen durchlüftet werden. Der Gehalt an radioaktiven Elementen in den Lösungen wird dabei nicht weiter als auf 50% herabgesetzt. Durch die Oxydierungsassimilation sinkt der biologische Verbrauch des Sauerstoffs in den Abwässern von 400 mg/l auf 20 mg/l ab, was das Hauptziel der Behandlung ist. Nach weiterem Stehenlassen wird das auf diese Weise gereinigte Wasser mit den Abwässern der chemischen und der physikalischen Laboratorien vermischt.

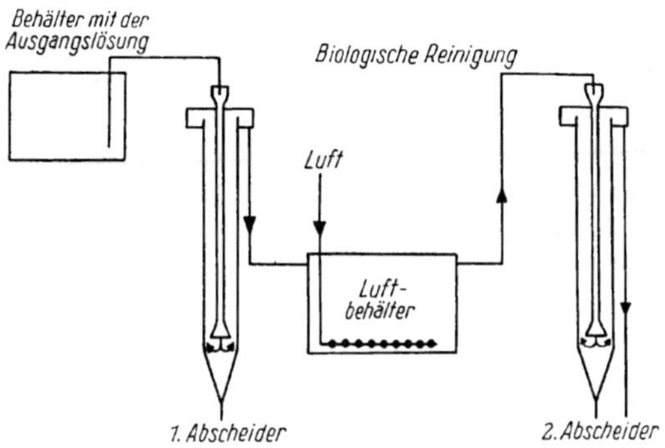

Abb. 5. Biologische Reinigung radioaktiver Abwässer aus Laboratorien nach K. A. Bolschakow, A. T. Awdonin u. a. [24]

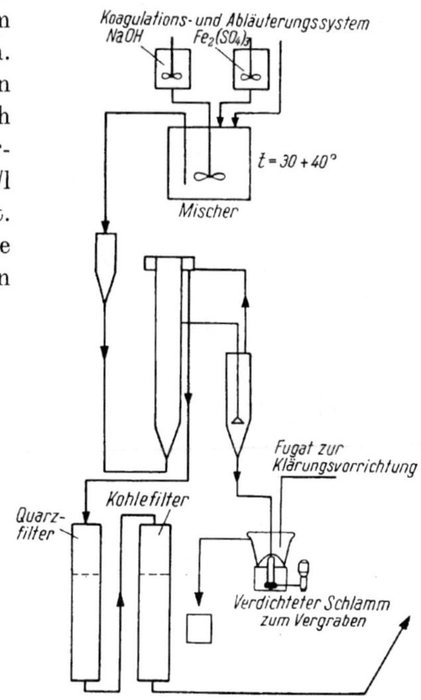

Abb. 6. Chemische Reinigung radioaktiver Abwässer aus Laboratorien nach K. A. Bolschakow, A. T. Awdonin u. a. [24]

Die chemische Aufarbeitung der Abwässer (Abb. 6) beginnt mit dem Koagulationsprozeß mit Eisensulfat (100 mg/l) im alkalischen Medium (p_H-Wert = 8 bis 9) unter Zusatz von Ätznatron und Kalk.

Die Abwässer werden, nachdem sie den Abscheider und die Schlammabscheidung passiert haben, zur endgültigen Läuterung auf mit Sand und Anthrazit gefüllte Filter geleitet. Mit dem Schlamm werden 90 bis 95% der radioaktiven Isotope des Zirkoniums und der Seltenen Erden, 30 bis 40% des radioaktiven Rutheniums und 20 bis 30% des radioaktiven Strontiums entfernt. Die Konzentration des radioaktiven Cäsiums bleibt etwa konstant.

Anschließend erfolgt eine Zweistufenreinigung auf den Ionenaustauschfiltern. Bei jeder Stufe wird die Lösung durch den Kationen- und den Anionenaustauscher geleitet. Durch die erste Filterstufe wird die Hauptmenge der nichtradioaktiven Salze beseitigt, durch die zweite werden aus dem schon entsalzten Wasser die Radioelemente entfernt. Bei der zweiten

Aufarbeitungsstufe wird eine Reinigung von Radioisotopen (Strontium, Cäsium und Ruthenium) um das 10000- bis 100000fache erreicht. Die Kationenaustauschfilter werden mit einer 5prozentigen Salpetersäure, die Anionenaustauschfilter mit einer 2,5prozentigen Natronlauge regeneriert.

Der Schlamm von der biologischen Reinigung und der Koagulation wird, um die Volumina maximal zu verringern, zum Zwecke der Entwässerung zentrifugiert, wodurch sich das Niederschlagsvolumen um das 40fache verringert. Die entwässerten Niederschläge und Schlämme werden mit Puzzolanzement gehärtet und in einer Erdgrube mit wasserdichtem Boden und wasserdichten Wänden gelagert.

Die Regenerationslösungen werden aufgearbeitet und eingedampft (Abb. 7). Vor allem werden sie neutralisiert und mit Natriumcarbonat gefällt. Der Hydroxyde-, Carbonate-, Oxalate- und Phosphate enthaltende Niederschlag wird getrennt und vergraben. Das hauptsächlich Natriumnitrat enthaltende Filtrat läßt man eindampfen, das Natriumnitrat auskristallisieren und zentrifugiert ab. Da das Salz nur von geringer Aktivität ist, wird es in reinem Wasser aufgelöst und in die Kanalisation abgelassen. Die Mutterlauge wird bis zum Beginn der Kristallisation eingedampft, in den Container gegossen, wo sie erstarrt, und dann vergraben. Die gasförmigen Produkte aus dem Eindampfungsapparat werden von den Aerosolen in einer speziellen Säule getrennt, das Kondensat wird von neuem dem Reinigungsprozeß unterworfen. Bei der beschriebenen Aufarbeitung der Abwässer erhält man: 0,7 Vol.-% Koagulationsschlamm, 0,07 Vol.-% Carbonatniederschlag, 0,08 Vol.-% Natriumnitrat. Nach den Druckoperationen beträgt das Volumen der für die Lagerung vorgesehenen festen Produkte weniger als 0,1% des Volumens der gereinigten Abwässer.

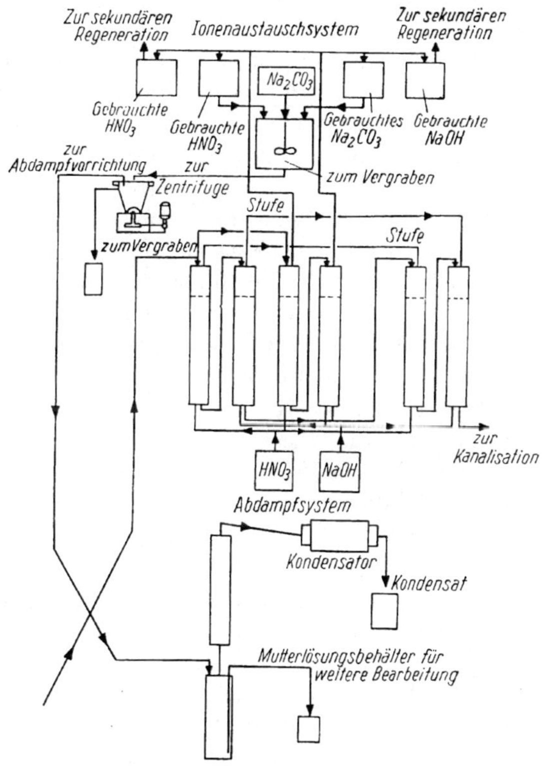

Abb. 7. Reinigung radioaktiver Abwässer auf Ionitenfiltern und Aufarbeitung der Regenerationslösungen nach K. A. Bolschakow, A. T. Awdonin u. a. [24]

Die Station hat eine Fernsteuerung, die vom Zentralpult aus geregelt wird. Ein Teil der Operationen wird automatisch durchgeführt. Temperatur, Lösungsstand, Trübheit und p_H-Wert der Lösung, Reagentienverbrauch, Druck und Reinheitsgrad der Abwässer werden ununterbrochen kontrolliert und reguliert. Außerdem wird die Luftverunreinigung bestimmt und das Betriebspersonal einer speziellen dosimetrischen Kontrolle unterzogen.

Das belgische Atomlaboratorium in Mol hat zwei Anlagen für die Reinigung von Abfällen mit einem niedrigen Aktivitätsniveau [25]. Die Abwässer mit einer Aktivität von etwa 10^{-8} C/l werden mit Calciumphosphat behandelt, im Abscheidungsbecken geläutert und auf Filtern biologisch gereinigt. Der Entseuchungsgrad der α-Strahler beträgt 56 bis 89%, der der β- und der γ-Strahler 30 bis 89%; er ist abhängig von der Verseuchungsart.

Die Verfasser halten die Entfernung des radioaktiven Strontiums für befriedigend. In speziellen Fällen werden auch andere Fällungsmittel angewandt, z. B. Bariumchlorid für die Beseitigung von Schwefel und Tellur, Eisensulfat für die Ruthenium- und Uranausscheidung. Die Isotope enthaltenden Schlämme werden in Speziallagerungsstätte transportiert.

Die Abwässer mit einer Aktivität von etwa 10^{-6} C/l werden nach einem komplizierteren Verfahren aufgearbeitet. Dem Sammler, in dem sich das zu reinigende Wasser befindet, werden Bariumchlorid, Kupfersulfat und Natriumthiosulfat zugegeben (die letztgenannten zur Jodbeseitigung). Sodann wird in den ersten Mischer das Koagulat-Eisensulfat eingeführt, nachdem der p_H-Wert durch Zusatz von Ätznatron reguliert wurde. Auf dem Eisenhydroxydniederschlag wird das Uran gut adsorbiert und gleichzeitig die Trennung des Bariumsulfatniederschlages verbessert. Im zweiten Mischer wird dem Wasser Calciumhydroxyd und Natriumphosphat zur Abtrennung von Strontium und der meisten anderen Spaltelemente zugegeben. Auch hier wird der p_H-Wert reguliert. Nachdem sich der Niederschlag abgesetzt hat, wird das Klärwasser für die nachträgliche Reinigung auf die obenbeschriebene Anlage geleitet.

Für Abwässer mit einer Aktivität von etwa 10^{-3} C/l reicht das Verfahren der chemischen Aufarbeitung nicht aus. Die Konzentrierung durch Eindampfen ergibt gute Resultate, ist aber zu kostspielig. Im Laboratorium in Mol werden gute Resultate bei der Adsorptionsreinigung der erwähnten Abwässer mit Braunkohle (Lignit) als Sorbent erhalten. Die Ionenaustauschfähigkeit der Braunkohle beträgt 0,34 Milliäquivalent/g. Der optimale p_H-Wert für die Reinigung der Abfälle der Reaktorenabkühlung liegt bei 3 bis 5 und für die Abwässer mit einer chemischen Verseuchung bei etwa 9. Der Adsorptionsprozeß kann in Säulen oder auf Filtern vonstatten gehen.

Es lohnt sich, speziell das Problem der billigen Lagerungsstätten für flüssige radioaktive Abfälle mit einem niedrigen Aktivitätsniveau zu untersuchen. Wie schon oben erwähnt, sind die metallischen Behälter in diesem Falle zu kostspielig. Am billigsten ist die Errichtung von Erdbunkern.

Es gibt eine Reihe Veröffentlichungen, in denen das große Sorptionsvermögen des Bodens in bezug auf die Uranspaltprodukte [26], [27], [28] beschrieben wird. Es wird darauf hingewiesen, daß in einem nahezu neutralen Medium (p_H-Wert = 6—7) die Seltenen Erden, das Zirkonium, das Niob und ebenfalls auch das Cäsium so gut wie völlig adsorbiert werden. Ruthenium wird vom Boden zu 98% adsorbiert, Strontium am besten bei einem p_H-Wert von 10, doch höchstens bis zu 95%. Die Sorption der Spaltelemente durch Bodenmineralien verringert sich wesentlich bei Vorhandensein anderer Kationen. So setzt z. B. 1% Natriumnitrat in der Lösung die Sorption von Cäsium um mehr als die Hälfte herab. Ebenso wird die Sorption der Spaltelemente durch den Boden in saurem Medium stark herabgesetzt.

Die Adsorptionseigenschaften des Bodens können durch folgende Beispiele illustriert werden: Wenn der Boden ein Austauschvermögen von 0,05 Milliäquivalent/g aufweist und nur $^1/_{1000}$ Teil dieses Vermögens für die Adsorption des Strontiums-90 ausgenutzt wird, so kann eine 100 m lange Bodensäule mit einem Querschnitt von 1 m² etwa 60000 Curie Strontium adsorbieren.

Einige Mineralien (Tone) haben die Fähigkeit, Spaltelemente zu adsorbieren [29], [30]. Ton adsorbiert sehr gut Seltene Erden, Zirkonium, Niob, Strontium und Barium. Ruthenium wird schlechter adsorbiert. Im sauren Medium bei einem p_H-Wert unter 5 sinkt die Adsorptionsfähigkeit des Tons sehr schnell ab. Unter den verschiedensten Tonarten verfügt der Montmorillonit in bezug auf die Spaltelemente über das größte Adsorptionsvermögen. Nachstehend ist die Ionenaustauschfähigkeit der untersuchten radioaktiven Isotope wiedergegeben:

Strontium	1,15 Milliäquivalent/g
Cäsium	1,10 Milliäquivalent/g
Yttrium	1,07 Milliäquivalent/g
andere Seltene Erden	1,12 Milliäquivalent/g.

Die Ionenaustauschreaktion ist beim Montmorillonit umkehrbar. Deshalb können die adsorbierten Spaltelemente bei Einwirkung von Elektrolytlösungen ausgewaschen werden. In den USA erfolgte eine Zeitlang die Ablagerung von Abfällen mit niedrigem Aktivitätsniveau in tiefe Erdgruben nach Art eines Holzwerkes mit offenem Boden und in Spezialschächte. Nach veröffentlichten Angaben [31] werden in der Erde folgende Mengen an aktiven Produkten gelagert:

	Gesamtmenge (l)	Gesamte β-Aktivität (Curie)
Savannah River	$5 \cdot 10^8$	240*)
Oak Ridge	$2{,}6 \cdot 10^7$	100000
Hanford	$1{,}2 \cdot 10^{10}$	2400000

*) 2300 Curie von Jod-131 nicht mitgerechnet.

In Hanford ist der Wasserstand niedrig (175 bis 320 m), und die durchschnittlichen Jahresniederschläge betragen nur 17 cm. Savannah River und Oak Ridge liegen im feuchtesten Gebiet (durchschnittliche Jahresniederschläge 110 bis 130 cm), und der Grundwasserspiegel liegt 10 bis 20 m tief.

Die an Kontrollbohrlöchern durchgeführten Beobachtungen haben gezeigt, daß sich Salze und radioaktive Isotope aus den unterirdischen Filtrierlagerstätten in die Umgebung ausbreiten. Am schnellsten wandert Natriumnitrat, dann Ruthenium-106 und nach diesem Cäsium-137. Nach 8 Jahren hat sich das Nitration 520 m, das Ruthenium 370 m von der Lagerstätte entfernt. In den Lagerungsstätten, wo sich $1{,}2 \cdot 10^{10}$ l Abfälle mit einer gesamten β-Aktivität von $1{,}7 \cdot 10^6$ Curie befinden, werden die langlebigen β-Strahler außerhalb eines Umkreises von 350 m nicht nachgewiesen. In einem Kontrollbohrloch wurden Cäsium-137 mit der Konzentration von 10^{-9} C/l und Kobalt-60 mit einer Konzentration von 10^{-8} C/l nachgewiesen. Ein Jahr nach dem Einbringen von $1{,}5 \cdot 10^8$ l Abfälle mit der β-Aktivität $7{,}53 \cdot 10^5$ C in eine der Lagerungsstätten wurden Spuren von Strontium-90 (10^{-9} C/l) im Grundwasser nur in einem der 15 umgebenden Kontrollbohrlöcher aufgefunden. Ruthenium dagegen breitet sich merklich mit dem Grundwasserstrom aus. Eine bedeutende Menge Abfälle (über 10^8 l mit einer gesamten β-Aktivität von $6{,}4 \cdot 10^5$ C) wird in Hanford in offene Gruben gelassen. Es wird keine Verseuchung des Grundwassers durch Radioaktivität nachgewiesen. Die natürlichen Niederungen des Geländes und die Sümpfe werden auch als Lagerungsstätten für Abfälle mit niedrigem Aktivitätsniveau ausgenutzt. Es werden $1{,}3 \cdot 10^{11}$ l Abwasser mit einem Gehalt von $2 \cdot 10^3$ C an Spaltelementen und 130 g Plutonium abgelassen. In einem Fall wurde radioaktives Ruthenium 12 km von dem Sumpf entfernt nachgewiesen. Man nimmt an, daß es durch ein altes Flußbett mit einer Geschwindigkeit von 55 m pro Tag wanderte.

In Rayon Hanford liegen sehr günstige Bedingungen für die Errichtung von Filtrierlagerungsstätten vor. Wie aber aus Veröffentlichungen hervorgeht, wird auch hier beobachtet, daß Radioisotope in großen Abständen den Boden durchdringen.

In Savannah River ist es wegen ungünstiger klimatischer- und Bodenbedingungen nicht möglich, unterirdische Filtrierlagerungsstätten zu errichten. Die radioaktiven Abfälle mit niedrigem Aktivitätsniveau werden hier in ein System geleitet, das aus 3 Bassins besteht, welche das zu reinigende Wasser allmählich durchdringt. In solche Bassins wurden $5 \cdot 10^8$ l Abfälle abgelassen, die 2,5 C α-Strahler, 240 C nichtflüchtige β-Strahler und 2300 C Jod-131 enthielten. Die Untersuchungen des Grundwassers zeigten, daß im Abstand von 30 m von den Bassins die Konzentration der nichtflüchtigen β-Strahler $4{,}6 \cdot 10^{-10}$ C/l beträgt. Wenn Risse im Boden vorhanden sind, nimmt die Verseuchung des Grundwassers stark zu. Im Grundwasser werden Ruthenium, Zirkonium, Niob, Strontium, Yttrium und auch Isotope der Seltenen Erden nachgewiesen, von den α-Strahlern nur Uran.

Die hier dargelegten Ergebnisse der Arbeiten amerikanischer Forscher geben noch kein klares Bild über das Verhalten der Spaltelemente im Grundwasser bei gleichzeitigem Vorhandensein der aufgelösten Salze und der adsorbierenden Mineralien. Besonders ungenügend und widerspruchsvoll sind die Angaben über die Wanderung eines der gefährlichsten radioaktiven Isotope, des Strontium-90.

V. I. SPICIN, W. D. BALUKOWA, A. F. NAUMOWA, W. W. GROMOW, F. M. SPIRIDONOW, E. M. WETROW und G. I. GRAFOW [32] untersuchten einige Gesetzmäßigkeiten über die Adsorption einzelner Spaltelemente durch den Boden und die Mineralien sowie über die Desorption dieser Spaltelemente vom Naturwasser und von verschiedenartigsten Lösungen. Die Versuche wurden sowohl im Laboratorium als auch in der Natur durchgeführt. Besondere Aufmerksamkeit schenkte man dem Verhalten des Strontiums. Es wurden alkalische Carbonatsande und saure carbonatlose humushaltige Sande, Carbonat-Lehmboden, leichter Carbonatton, mittlerer carbonatloser Ton, mehrere reine tonhaltige Mineralien, Feldspate, Mineralien des Calcits, Gips u. a. untersucht und die Adsorption der radioaktiven Isotope im sauren Medium mit der im alkalischen Medium bei Anwesenheit von starken Elektrolyten verglichen.

Laboratoriumsversuche zeigten, daß alle untersuchten Spaltelemente außer dem radioaktiven Zirkonium, Niob und Cäsium aus einer alkalischen Lösung vollständiger adsorbiert werden als aus einer sauren. Besonders stark wirkt sich der p_H-Wert auf die Adsorption des Cers aus. Die Adsorption des radioaktiven Rutheniums durch den Boden ist sehr gering, doch kann sie in einer alkalischen Lösung um einige zehntel Millicurie pro 100 g Boden zunehmen, wenn das Ruthenium in kationischer Form vorliegt. Im sauren Medium wird Ruthenium praktisch nicht adsorbiert. Ruthenium in anionischer Form wird vom Boden nicht adsorbiert. Die Adsorption des Strontiums sinkt im sauren Medium um einige Male im Vergleich zur Adsorption im alkalischen Medium.

Es wurden sehr viel natürliche Sorbenten, besonders im Boden vorhandene Mineralien, untersucht und ihre Adsorptionsfähigkeit in bezug auf Mikromengen Strontium bestimmt. Am besten wurde radioaktives Strontium von Montmorillonit, Kaolinit, Glimmer, Pyrolysit, Galluasit, Torf, Phosphorit und Nephelinsyeniten adsorbiert. Die im Boden verbreiteten Mineralien des Calcits, des Quarzes, des Gipses, des Feldspates u.a.m. adsorbieren das radioaktive Strontium nur unwesentlich. Die Adsorption des radioaktiven Strontiums wird also von den anorganischen Bestandteilen des Bodens, hauptsächlich von den tonhaltigen Mineralien bestimmt.

Wie die Untersuchungen zeigten, wird die Adsorption radioaktiven Strontiums wesentlich verringert, wenn Calciumionen in einer Konzentration, die ungefähr der im Flußwasser entspricht (100 mg/l), vorhanden sind. Es wird betont, daß radioaktives Strontium, wenn es in den Boden gelangt, unter sonst gleichen Bedingungen hauptsächlich dort aufgehalten wird, wo tonhaltige Mineralien vorhanden sind und der Calciumgehalt im Grundwasser am geringsten ist. Eingehender wurde die Adsorption des radioaktiven Strontiums durch den Montmorillonit untersucht. Dieses Mineral kommt sowohl vereinzelt als auch in großen Lagerstätten vor. Man stellte fest, daß dieser Ionenaustauschprozeß das Massenwirkungsgesetz befolgt. Verschiedene Kationen lassen sich nach ihrer Fähigkeit, die Sorption des radioaktiven Strontiums zu verringern, in folgender Reihe anordnen:

$$Al^{3+} > Fe^{3+};\ Ba^{2+} > Ca^{2+} > Mg^{2+} > H^{+} > NH_4^{+} > K^{+} > Cs^{+}.$$

Mit der unten angeführten Formel kann der Desorptionswert des radioaktiven Strontiums durch Montmorillonit bei Einwirkung einer desorbierenden Lösung von konstantem Salzgehalt berechnet werden:

$$q_n = q_0 \left(\frac{K}{\frac{V}{m} + K} \right)^n$$

q_0 = Menge des radioaktiven Strontiums auf dem Sorbent vor der Desorption,
q_n = Menge des radioaktiven Strontiums auf dem Sorbent nach n Stufen Desorption,
n = Zahl der Desorptionsstufen,
K = Konstante,
V = Volumen der Lösungsportionen, mit denen die Desorption des radioaktiven Strontiums durchgeführt wird,
m = Sorbentgewicht.

Berechnungen nach dieser Formel stimmten mit experimentellen Resultaten überein.

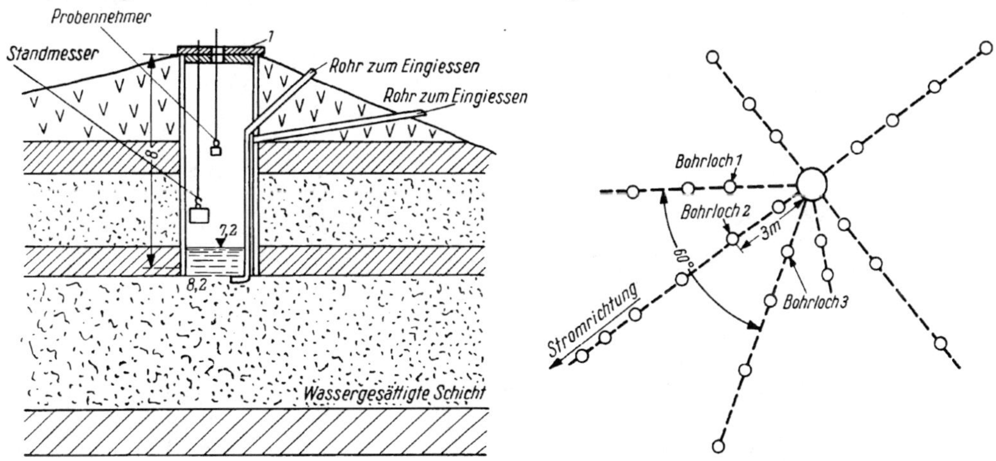

Abb. 8a und b. Schema des Filtrierbrunnens und Anordnung der Kontrollbohrlöcher nach V. I. Spicin, W. D. Balukowa u. a. [32]

Versuche über die Adsorption der Spaltprodukte durch den Boden wurden in der Natur beim Zutritt des Grundwassers mit 3 Filtrierbrunnen in alluvialem, meistenteils kleinkörnigem Sand durchgeführt. Der Stand des Grundwassers war 5 bis 7 m, seine Verschiebung hatte laminaren Charakter. Der Boden des ersten Brunnens erreichte den oberen Stand des Grundwassers, wodurch man die aktive Lösung direkt in den Strom durch die ganze Bodenfläche ablassen konnte. Im zweiten Brunnen ließ man die Lösung durch die Löcher in einen 25 cm dicken Tonboden ablaufen. Im dritten Brunnen diente eine 1 m dicke Schicht von der unter dem Sand liegenden natürlichen Struktur als Filtrierboden (Abb. 8a und 8b).

Die Brunnen wurden mit je 300 Curie der radioaktiven Stoffe in Form einer Lösung beschickt, die 200 g Natriumnitrat pro Liter enthielt. Die Kontrollöcher ermöglichten es, die Wanderungsgeschwindigkeit der Radioisotope aus dem Brunnen zu beobachten

(Abb. 9). Die radioaktive Verseuchung in den wasserführenden Schichten erfolgte in zwei Perioden. In der ersten Periode war wegen des schnellen Einführens der radioaktiven Lösung der Kontakt zwischen den Bodenteilchen und den Ionen der Radioisotope für die Einstellung eines vollständigen Adsorptionsgleichgewichtes selbst für die leicht adsorbierenden Komponenten bei einem großen Überschuß des Sorbens ungenügend. Das Wasser in den um den Brunnen liegenden Bohrlöchern (2 m Abstand von der Brunnenwand) enthielt alle in den Brunnen eingetragenen Spaltprodukte mit einem etwas veränderten Prozentsatz der Radioelemente im Vergleich zur Ausgangslösung (Abb. 10).

Nach einigen Tagen stellte sich das normale Gleichgewicht (Verschiebungsregime) des Grundwassers wieder ein. Die Wanderung der Radioelemente in der zweiten Periode hing nur von den Sorptions- und Desorptionsprozessen in den wasserführenden Schichten und von der stationären Verschiebungsgeschwindigkeit des Grundwassers ab.

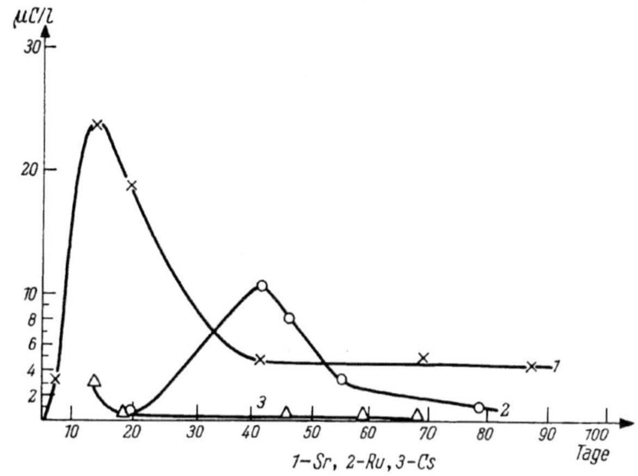

Abb. 9. Geschwindigkeit der Radioisotopenverschiebung am Filtrierbrunnen
nach V. I. Spicin, W. D. Balukowa u. a. [32]
1 — Bohrloch 1; 2 — Bohrloch 2; 3 — Bohrloch 3

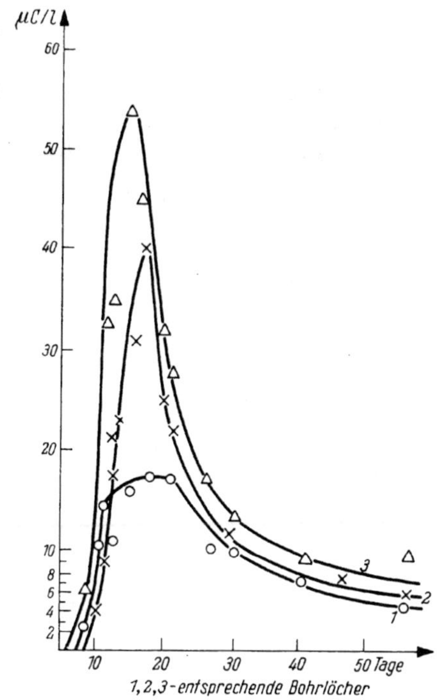

Abb. 10. Dynamik der radiochemischen Zusammensetzung des verseuchten Wassers in den Kontrollöchern 1, 2, 3 des Filtrierbrunnens
nach V. I. Spicin, W. D. Balukowa u. a. [32]
1 — Gehalt an Sr; 2 — Gehalt an Ru; 3 — Gehalt an Cs

Zirkonium, Niob, Cäsium und die Seltenen Erden wurden beim normalen Stromdurchgang sorbiert und vom wasserführenden Sand gut festgehalten. Etwas beweglicher war radioaktives Cäsium. Die Wasserradioaktivität wurde aber hauptsächlich durch das radioaktive Strontium und radioaktive Ruthenium bestimmt. Die gerade noch meßbaren Mengen an radioaktivem Strontium wurden in den im Abstand von 7 m vom Brunnen entnommenen Proben nachgewiesen. Man hatte aber auch gefunden, daß sich in den Bodenproben, 3 m vom Brunnen entfernt, keine radioaktive Verseuchung nachweisen ließ. Die Angaben zeugten von einer sehr erschwerten Adsorption des radioaktiven Strontiums durch einen wassergesättigten Boden und von einer leichten Beweglichkeit dieses Elementes im Grundwasser. Die Geschwindigkeit der Verbreitung des radioaktiven Rutheniums im Wasser war ungefähr um die Hälfte geringer als die des radioaktiven Strontiums.

Wurde einer der Brunnen mit einer angesäuerten Natriumnitratlösung gespült, so stellte man fest, daß sich hauptsächlich Strontium-90 vom Grund löste und sich im Wasser ausbreitete. Von den anderen Radioelementen wird nur das radioaktive Ruthenium nachgewiesen. Das vom Sandboden des Brunnens abgewaschene radioaktive Cäsium wird von den naheliegenden Schichten sorbiert.

Die Ergebnisse der Versuche zeigten, daß das Vergraben der Radioisotope (Zirkonium, Niob, Seltene Erden) in die Erde zu keinen ernsten Besorgnissen Anlaß gibt. Das Verhalten des Cäsiums ist offensichtlich günstig, erfordert aber eine zusätzliche Untersuchung. Am gefährlichsten bei der Ablagerung der radioaktiven Abfälle in die Erdgruben ist zweifellos das radioaktive Strontium, da es selbst vom Grundwasser stark desorbiert wird. Das radioaktive Ruthenium wird in der anionischen Form ebenfalls vom Boden mit verschiedenen mineralischen Bestandteilen praktisch nicht adsorbiert. Von diesem Standpunkt aus sind für Erdgruben diejenigen Böden am günstigsten, die durch einen niedrigen Stand des Grundwassers, dessen langsame Verschiebung, durch einen kleinen Gehalt an Calciumionen und einen niedrigen Salzgehalt charakterisiert sind.

Auf Grund der angeführten Angaben läßt sich die Schlußfolgerung ziehen, daß das geringe Abwandern des radioaktiven Strontiums aus den Erdgruben in Hanford von äußerst günstigen örtlichen Bedingungen abhängt (niedriger Grundwasserstand, trockenes Klima).

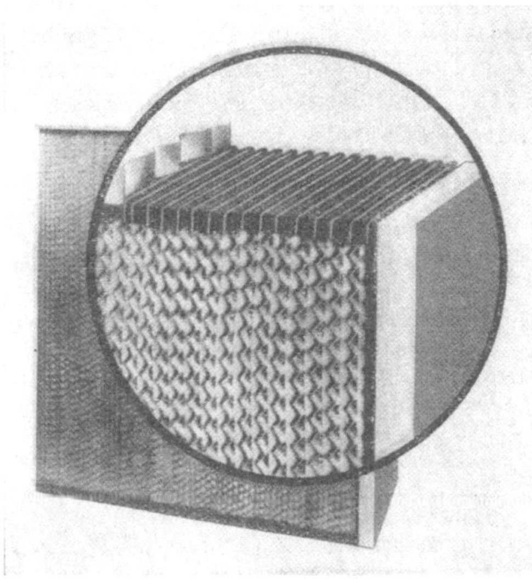

Abb. 11. Filter für die Reinigung von radioaktiven Aerosolen nach P. Engle [35]

Es ist notwendig, darauf hinzuweisen, daß es noch eine wichtige Art von Abfällen der Atomindustrie und der wissenschaftlichen Laboratorien gibt: radioaktive Gase und Aerosole. Über Schutzmittel gegen diese Abfälle ist noch sehr wenig gearbeitet worden. Unter den Spaltprodukten sind das Jod-131 ($T_{1/2} = 8$ Tage) und auch andere kurzlebige Isotope dieses Elementes leicht flüchtig. Bei der Uranspaltung werden radioaktive Isotope der inerten Gase wie Krypton-85 ($T_{1/2} = 9{,}4$ Jahre), Xenon-133 ($T_{1/2} = 5{,}3$ Tage) und andere erhalten. Bei der Aufarbeitung des bestrahlten Urans in Anwesenheit von Oxydationsmitteln bildet sich das leichtflüchtige Rutheniumoxyd. Die Verbindungen dieses Elementes treten auch bei der Hochtemperaturaufarbeitung radioaktiver Abfälle auf.

Bei der Produktion und Anwendung radioaktiver Isotope in der Praxis, wie ^{14}C, ^{32}P, ^{35}S und anderer, können sich ebenfalls flüchtige Verbindungen bilden. Die radioaktiven Aerosole sind noch gefährlicher, da sie beim Kochen der Lösungen, bei deren Aufarbeitung und Verdampfung entstehen können. Weiterhin bilden sie sich beim Trocknen und Glühen von Materialien, die die verschiedenartigsten radioaktiven Isotope enthalten. Für den Schutz gegen die gasförmigen radioaktiven Produkte ist die Verwendung entsprechender chemischer Sorptionsmittel am günstigsten. So wird z. B. das Jod, das sich bei der Aufarbeitung des Urans bildet, von Silberverbindungen adsorbiert [33]. Am schwierigsten ist das Problem, die radioaktiven inerten Gase aus der Luft der Reaktoren zu entfernen.

Zu diesem Zweck wurde vor kurzem die Methode der Extraktion mit organischen Lösungsmitteln vorgeschlagen [34].

Bei der Entfernung der Aerosole erzielte man die zuverlässigsten Resultate offensichtlich mit aus Glasfasern hergestellten Filtern (Abb. 11). Die Teilchen mit einem Durchmesser von 0,3μ werden von solchen Filtern bis zu 99,97% aufgefangen [35]. Selbstverständlich ist auch die Anwendung anderer Filtermaterialien möglich [33].

Das zuverlässigste Mittel gegen radioaktive Aerosole, ein Vorbeugen gegen ihre Bildung, ist die genaue Kenntnis der chemischen Vorgänge, eine entsprechende Arbeitstechnik und die Anwendung hermetisch schließender Apparaturen.

Die immer breitere Anwendung der Atomenergie für friedliche Zwecke durch den Menschen hängt in erster Linie von einer erfolgreichen Konzentrierung und Beseitigung der radioaktiven Abfälle ab. Trotz großer Schwierigkeiten, die mit der Lösung des Problems verbunden sind, kann man dessen sicher sein, daß der Menschenverstand, welcher der Natur das Geheimnis der Atomenergie entrissen hat, Mittel und Methoden finden wird, diese Kraft zum Wohle der ganzen Menschheit zu nutzen.

LITERATUR

[1] Sanitätsregeln für die Beförderung, Lagerung, Registrierung und Arbeit mit radioaktiven Stoffen. Moskau, 1957.

[2] M. MICHAELIS, Bericht Nr. 167 auf der I. Internationalen Konferenz der Organisation der Vereinten Nationen über die Anwendung der Atomenergie für friedliche Zwecke (1955).

[3] L. E. BROWNELL, Bericht Nr. 175 auf der I. Internationalen Konferenz der Organisation der Vereinten Nationen über die Anwendung der Atomenergie für friedliche Zwecke (1955).

[4] J. BAALI, Atompraxis 4, 23 (1958).

[5] O. H. PILKEY, A. M. PLATT, P. A. ROHRMANN, Bericht Nr. 389 auf der II. Internationalen Konferenz der Organisation der Vereinten Nationen über die Anwendung der Atomenergie für friedliche Zwecke (1958).

[6] A. C. HERRINGTON, R. G. SHAVER, C. W. SORENSEN, Nucleonics 11, Nr. 9, p. 34 (1953).

[7] J. W. LOEDING, A. A. JONKE, W. A. RODGER, R. P. LARSEN, S. LAWROSKI, E. S. GRIMMETT, J. I. STEVENS, C. E. STEWENSON, Bericht Nr. 1922 auf der II. Internationalen Konferenz der Organisation der Vereinten Nationen über die Anwendung der Atomenergie für friedliche Zwecke (1958).

[8] M. I. GOLDMAN, J. A. SERVIZI, R. S. DANIELS, T. H. S. TEBUTT, R. T. BURNS, R. A. LAUDERDALE, Bericht Nr. 388 auf der II. Internationalen Konferenz der Organisation der Vereinten Nationen über die Anwendung der Atomenergie für friedliche Zwecke (1958).

[9] L. C. WATSON, R. W. DURHAM, W. E. ERLEBACH, H. K. RAE, Bericht Nr. 195 auf der II. Internationalen Konferenz der Organisation der Vereinten Nationen über die Anwendung der Atomenergie für friedliche Zwecke (1958)

[10] W. GINELL, J. MARTIN, L. HATCH, Nucleonics 12, Nr. 12 p. 14 (1954).

[11] A. WOLMAN, A. E. GORMAN, Bericht Nr. 30 auf der I. Internationalen Konferenz der Organisation der Vereinten Nationen über die Anwendung der Atomenergie für friedliche Zwecke (1955).

[12] W. D. CLAUS, Bericht Nr. 848 auf der I. Internationalen Konferenz der Organisation der Vereinten Nationen über die Anwendung der Atomenergie für friedliche Zwecke (1955).

[13] E. I. STRUXNESS, J. O. BLOMEKE, Bericht Nr. 1073 auf der II. Internationalen Konferenz der Organisation der Vereinten Nationen über die Anwendung der Atomenergie für friedliche Zwecke (1958).

[14] The Disposal of Radioactive Waste on Land. National Academy of Sciences (USA). Publication 519 (1957).

[15] R. G. ORCUTT, M. N. E. RIFAI, G. KLEIN, W. J. KAUFMANN, Sewage and Ind. Wastes, July 791, (1957).

[16] CH. E. RENN, Bericht Nr. 569 auf der I. Internationalen Konferenz der Organisation der Vereinten Nationen über die Anwendung der Atomenergie für friedliche Zwecke (1955).

[17] W. G. BOGOROW, E. M. KREPS, Bericht Nr. 2058 auf der II. Internationalen Konferenz der Organisation der Vereinten Nationen über die Anwendung der Atomenergie für friedliche Zwecke (1958).

[18] F. N. Browder, Ind. Eng. Chem. **43**, 1502 (1951).

[19] H. Seligman, H. J. Dunster, Berichte Nr. 418 und 419 auf der I. Internationalen Konferenz der Organisation der Vereinten Nationen über die Anwendung der Atomenergie für friedliche Zwecke (1955).

[20] K. Cowser, R. Morton, E. Witkowski, Bericht Nr. 2354 auf der II. Internationalen Konferenz der Organisation der Vereinten Nationen über die Anwendung der Atomenergie für friedliche Zwecke (1958).

[21] R. Burns, E. Glueckauf, Bericht Nr. 308 auf der II. Internationalen Konferenz der Organisation der Vereinten Nationen über die Anwendung der Atomenergie für friedliche Zwecke (1958).

[22] S. A. Wosnessenski, G. A. Sereda, P. F. Dolgich, L. I. Basskow, Bericht Nr. 2024 auf der II. Internationalen Konferenz der Organisation der Vereinten Nationen über die Anwendung der Atomenergie für friedliche Zwecke (1958).

[23] C. Bernaud, Bericht Nr. 1178 auf der II. Internationalen Konferenz der Organisation der Vereinten Nationen über die Anwendung der Atomenergie für friedliche Zwecke (1958).

[24] K. A. Bolschakow, A. T. Awdonin, W. T. Borstschew, F. W. Rausen u. a., Bericht Nr. 2025 auf der II. Internationalen Konferenz der Organisation der Vereinten Nationen über die Anwendung der Atomenergie für friedliche Zwecke (1958).

[25] P. Deyonghe, L. Baetsle, G. Mosselmaus, Bericht Nr. 1676 auf der II. Internationalen Konferenz der Organisation der Vereinten Nationen über die Anwendung der Atomenergie für friedliche Zwecke (1958).

[26] L. Jacobson, R. Overstreet, Soil. Scientist **65**, 129 (1948).

[27] R. E. Brown, H. M. Parker, J. M. Smith, Bericht Nr. 565 auf der I. Internationalen Konferenz der Organisation der Vereinten Nationen über die Anwendung der Atomenergie für friedliche Zwecke (1955).

[28] V. M. Kletschkowski, L. N. Sokolowa, Bericht Nr. 2310 auf der II. Internationalen Konferenz der Vereinten Nationen über die Anwendung der Atomenergie für friedliche Zwecke (1958.)

[29] W. J. Lacy, Ind. Eng. Chem. **46**, 1061 (1954).

[30] L. P. Hatch, W. H. Regan, B. Manowitz, F. Hittman, Bericht Nr. 583 auf der I. Internationalen Konferenz der Organisation der Vereinten Nationen über die Anwendung der Atomenergie für friedliche Zwecke (1955).

[31] R. E. Brown, D. W. Pearce, W. de Laguna, E. G. Struxness, J. H. Horton jr., C. M. Patterson, Bericht Nr. 1767 auf der II. Internationalen Konferenz der Vereinten Nationen über die Anwendung der Atomenergie für friedliche Zwecke (1958).

[32] V. I. Spicin, W. D. Balukowa, A. F. Naumowa, W. W. Gromow, A. M. Spiridonow, E. M. Wetrow, G. I. Grafow, Bericht Nr. 2207 auf der II. Internationalen Konferenz der Organisation der Vereinten Nationen über die Anwendung der Atomenergie für friedliche Zwecke (1958).

[33] A. G. Blasewitz, W. C. Schmidt, Bericht Nr. 397 auf der II. Internationalen Konferenz der Organisation der Vereinten Nationen über die Anwendung der Atomenergie für friedliche Zwecke (1958).

[34] R. W. Mc. Ilroy, E. Glueckauf, H. J. de Nordwall, F. C. W. Pummery, Bericht Nr. 309 auf der II. Internationalen Konferenz der Organisation der Vereinten Nationen über die Anwendung der Atomenergie für friedliche Zwecke (1958).

[35] P. M. Engle, Sixth Hot Laboratories and Equipment Conference, p. 361 (1958), Nuclear Congress (USA).

In der gleichen Schriftenreihe erschienen im Jahrgang 1959:

Heft 1 HANS HELMUTH WUNSCH: **Maßnahmen zur Reinhaltung unserer Gewässer im Rahmen des Ministerratsbeschlusses vom 15. März 1956 (Gesetzblatt 30/10)**
1959. 28 Seiten — 4° — DM 2,80

Heft 2 HERMANN JAEGER: **Graptolithen und Stratigraphie des jüngsten Thüringer Silurs**
1959. 197 Seiten — 27 Abbildungen, davon 2 als Falttafeln — 14 Tafeln — 7 Tabellen — 4° — DM 27,—

Heft 3 EBERHARD GRUMBT: **Der Nordostrand des Thüringer Waldes zwischen Ruhlaer Kristallin und Schwarzburger Sattel**
1960. IV, 76 Seiten — 43 Abbildungen, davon 14 auf 7 Tafeln — 4 Tabellen — 1 Falttabelle — 16 Tafeln, davon 5 mehrfarbige in einer Schlaufe — 4° — DM 30,—

Heft 4 RICHARD N. WEGNER: **Der Schädelbau der Lederschildkröte Dermochelys coriacea Linné (1766).** Eine ausführliche Monographie des Schädelbaus dieser Schildkröte nebst Bemerkungen über andere Formen
1959. 80 Seiten — 37 Abbildungen — 17 Tafeln — 4° — DM 24,—

Heft 5 GÜNTHER KUNKEL: **Metereologisch-mikroklimatologische Beobachtungen in Valdivia (Südchile)**
1959. XIV, 413 Seiten, davon 308 Seiten Offsettabellen — 56 Abbildungen, davon 1 als Falttafel — 30 Tabellen — 4° — DM 45,—

Heft 6 THEODOR MUSTERLE: **Grenzen der Bilanzierung der Wasserwirtschaft**
1959. 12 Seiten — 1 Abbildung — 4° — DM 1,80

Heft 7 HANS-DIETRICH KAHLKE: **Die Cervidenreste aus den altpleistozänen Sanden von Mosbach (Biebrich-Wiesbaden)** Teil I: Die Geweihe, Gehörne und Gebisse. Mit einem Beitrag von K. A. Hünermann, Darmstadt
1960. 75 Seiten — 58 Abbildungen und 20 Tafeln im Anhang — 4° — DM 22,50

Heft 8 KLAUS RAUKOPF: **Pollenanalytische Untersuchungen zur Feinstratigraphie der Tertiärkohlen von Mecklenburg, Berlin und der Lausitz**
1959. 24 Seiten — 5 Kunstdrucktafeln — 2 Falttafeln in einer Schlaufe — 4° — DM 6,—

Heft 9 **Gas-Chromatographie 1958.** Vorträge und Diskussionsbeiträge gehalten auf dem 1. Symposium über Gas-Chromatographie der Arbeitsgemeinschaft Gas-Chromatographie der Deutschen Demokratischen Republik vom 9.—11. Oktober 1958 in Leipzig

Bearbeitet von HANS-PETER ANGELÉ
1959. VI, 338 Seiten — 143 Abbildungen — 32 Tabellen — 4° — DM 25,—

Jahrgang 1960:

Heft 1 KLAUS SCHMIDT / WERNER SCHWAN: **Tektonische Untersuchungen in der Nordost-Randzone der Zentralbalkandecke** (Abhandlungen zur Geotektonik Nr. 19)
1960. 35 Seiten — 44 Abbildungen, davon 17 auf 9 Tafeln im Anhang — 2 farbige Karten in einer Schlaufe — 4° — DM 14,—

Heft 2 Vorliegendes Heft

Bestellungen durch eine Buchhandlung erbeten

THEORIA CUM PRAXI

AKADEMIE-VERLAG · BERLIN

FSC
www.fsc.org
MIX
Papier | Fördert gute Waldnutzung
FSC® C083411

Zeitfracht Medien GmbH
Ferdinand-Jühlke-Straße 7
99095 Erfurt, Deutschland
produktsicherheit@kolibri360.de